化石の探偵術

読んで体験する古生物研究室の世界

土屋健（著）
ロバート・ジェンキンズ（監修）
ツク之助（イラスト）

ワニブックス
|PLUS|新書

はじめに

古生物学は探偵学です！


かつて私が取材した、ある古生物学者の言葉です。

その後も複数の古生物学者が同じ言葉を口にしました。

私自身、大学と大学院で古生物学を学び、その後はハンマーをペンに持ち替えて、古生物学に関わる記事と本を書いてきました。そんな私にとっても、なるほど納得の言葉でした。

古生物学は探偵学です。

そもそも「古生物」とは、「地質時代」と呼ばれる太古の昔に生きていた生物のこと。有名どころでは恐竜がそうであり、マンモスがそうであり、アノマロカリスがそうであり、アンモナイトや三葉虫がそうです。

そうした古生物の〝生きている姿〟は、現在は見ることができません。どのような姿形をしていて、何を食べ、どこで暮らし、なぜ滅んだのか。現代に暮らす私たちにとって、大きな謎なのです。

その謎に挑むサイエンスが、「古生物学」です。

その手法はまさに探偵学。

古生物は、生きていた証として「化石」を残します。

化石という手がかりを中心に、周囲に散らばるさまざまな物的証拠・状況証拠を探し出し、読み解き、その化石を残した古生物に迫っていく……。

良質の推理小説のような、そんな楽しさが古生物学にあります。

推理小説と古生物学の決定的なちがいは、小説にとってのあなたは「読者」ですが、古生物学にとってのあなたは「研究者（探偵）」になることができるということ。学問として確立している古生物学は、知識と技術さえ身につければ、あたかも推理小説の主人公のように推理を展開し、謎を解き明かしていくことができるのです。

その快感といったら！
その知的興奮は、きっとあなたを虜にしてくれることでしょう。

この本は、そんな知的興奮に魅せられた探偵（研究者）たちが実践しているさまざまな技術を簡単にまとめた〝入門書〟。いわば、「探偵術初等科の教科書」です。

もちろん、研究手法は人によってそれぞれであり、研究に用いる技術も日進月歩で進んでいます。ですから、本書に書かれていることが研究（探偵術）方法のすべてではありません。

でも、多くの研究者（探偵）が、最も基本的なこととして、日々実践していることを集めました。

探偵たちを支える根幹の理論は何か？
探偵たちは、どのような道具を装備しているのか？
探偵たちは、手がかりである化石をどのように探し、みつけているのか？
探偵たちは、〝現場〟で「何を」見ているのか？
探偵たちは、化石をどのように分析しているのか？
……などなど。

本書の版元であるワニブックスの担当編集者と本書の企画を初めて打ち合わせたとき、脳裏に思い浮かんだのは、コナン・ドイルの『緋色の研究』をはじめとするシャーロック・ホームズのシリーズでした。

「見るべきところを見ないから、たいせつなものをみな見落としてしまうのさ」

ホームズのシリーズには、読み手の心に響く〝名言〟がたくさん登場します。古生物学が探偵学であるならば、ホームズのシリーズに登場する名言の中に古生物学と通ずるものもきっとあるはず。

そこで、本書を執筆するにあたり、私の愛読書となっている創元推理文庫のホームズ・シリーズを読み返し、「これ！」という文言を各章冒頭に挿入しました（完全な余談ですが筆者のこれらの蔵書は、まだインターネット書店がない私の中学生時代に、埼玉の田舎から東京の書店まで片道2時間近く通って集めたもので、私の宝物です）。

探偵術感をみなさんに楽しんでいただければ、と思います。

本書は、私の母校でもある金沢大学理工学域で古生物学者として教鞭をとるロバート・ジェンキンズ准教授にご監修いただきました。ジェンキンズ准教授と私は学生時代からの長いつきあいで、かつて化石調査の際に同宿で「同じ釜の飯を食べた仲間」です。ロバートさん、お忙しい中、感謝です。ありがとうございます。

随所に挿入されている可愛らしいイメージイラストは、ツク之助さんの作品です。自身も古生物畑の出身である妻（土屋香）には、初稿段階でさまざまな指摘をもらいました。編集は、ワニブックスの大井隆義さんという陣容で制作しています。

本書を手に取っていただいた皆様、ありがとうございます。願わくば、読了までに古生物学のもつ〝推理の楽しさ〟をみなさんが感じて頂ければ、嬉しいです。

2020年9月　サイエンスライター　土屋　健

化石の探偵術

目　次

第弐部　化石を探せ

第参部 手がかりは現場にある

第零部　探偵術を知る前に……【基礎知識編】

第1章　知っておきたい「およその生命史」

「ロンドンについて正確な知識をもちたいというのが、ぼくの道楽なのだ」（赤毛連盟／『シャーロック・ホームズの冒険』：創元推理文庫）より。

推理の材料

かの名探偵シャーロック・ホームズは、自分の活動の舞台であるロンドンについての地理知識を重視していた。その知識は彼の推理において、大切な材料となる。〝化石の探偵術〟を進めるうえで、ホームズの「ロンドンの地理」に相当するものがあるとすれば、それは「生命史の概略」だろう。

生命活動の痕跡たる化石を扱い、その推理を進める以上、おおまかな生命の歴史は知ってきたいところ。個々の生物に関する詳しい情報は別の書籍に任せるとして、この本では重要な点だけをまずは押さえておこう。

アノマロカリスと三葉虫と甲冑魚と

地球の誕生は、今から約46億年前のことである。

最古の化石は、今から約35億年前のものが発見されている。それは顕微鏡サイズの糸くずのようなものだ。その後、20億年以上もの間、生命はゆっくりと進化してきた（なお、近年になって「約38億年前の化石」も報告され、その検証が進められている）。

約５億７５００万年前になると、肉眼でも確認できるサイズの生物が本格的に出現するようになる。ただし、それらは硬い殻や骨をもっていないために化石に残りにくく、からだのしくみなどもよくわかっておらず、この時期のほとんどの生物に関しては、私たちはまだ十分な知識をもっていない。

生命史を大きく二つに分ける数字がある。「約５億４１００万年前」という値だ。

約5億4100万年前よりも昔を「先カンブリア時代」と呼び、約5億4100万年前から「顕生累代」と呼ばれる時代が始まる。文字通り、生物の痕跡たる化石が顕著にみつかる時代だ。

顕生累代は、古い方から「古生代」「中生代」「新生代」という三つの「代」からなる。約5億4100万年前に始まり、約2億5200万年前まで約2億8900万年間の長きにわたって続いた時代が「古生代」だ。

古生代は六つの「紀」に分かれている。その最初の「紀」が「カンブリア紀」だ。先ほど古生代よりも昔を「先カンブリア時代」と紹介したが、これは「カンブリア紀よりも前の時代」という意味である。

カンブリア紀以降、私たちにとって〝見知った生物〟が世界に溢れるようになる。代表的な動物は「三葉虫類」だ。三葉虫類は、昆虫類などと同じ節足動物に属するグループで、小判のように平たく節の多い種もいれば、全身を大小のトゲで武装した種もいた。遅くともカンブリア紀の半ばにあたる約5億2000万年前には出現し、古生代末までその命脈を残した。これまでに化石が発見されている種数は1万種を超え、その多様性

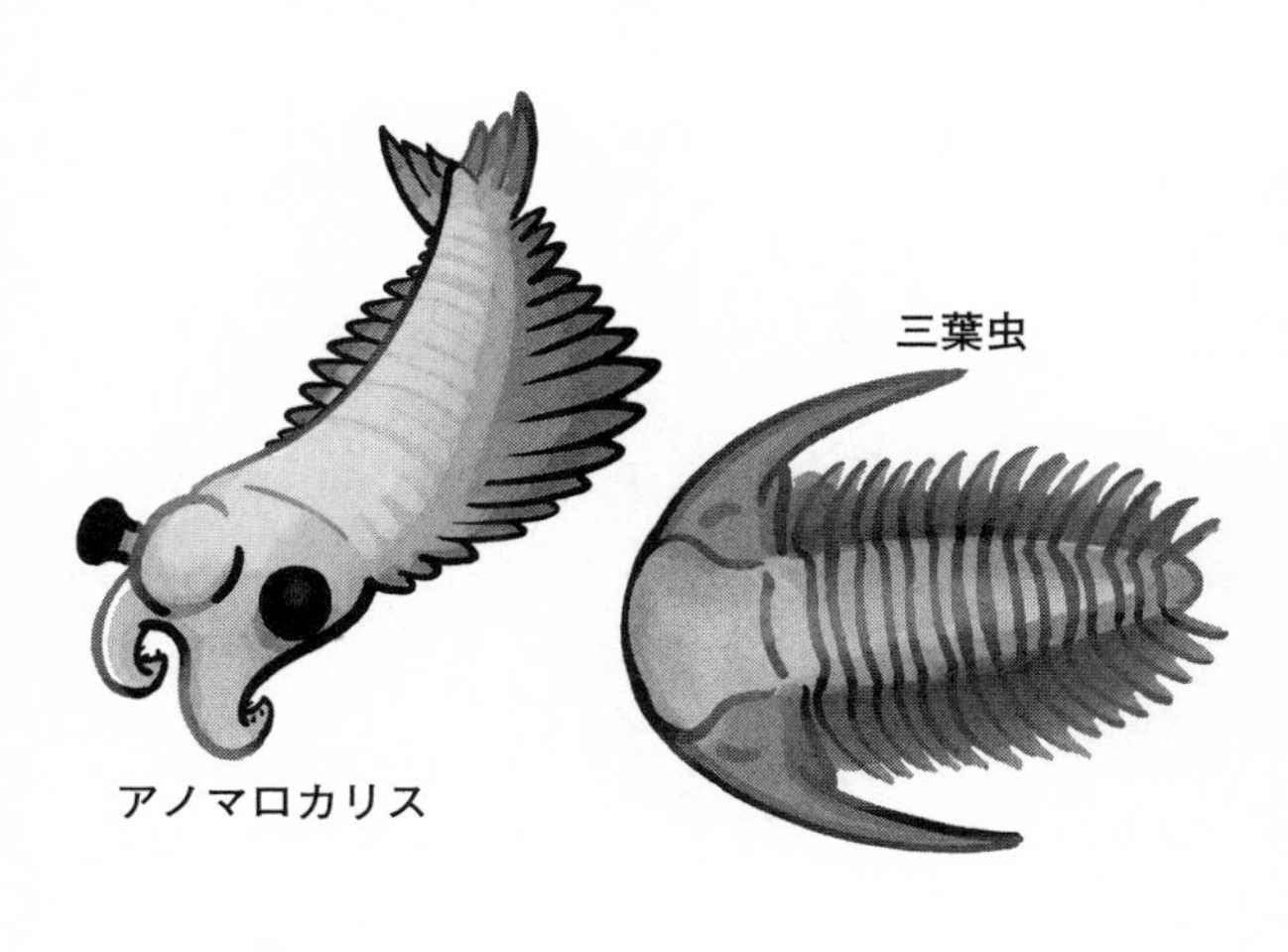

ゆえに、彼らは「化石の王様」とも呼ばれている。間違いなく古生代を代表する生物といえるだろう。

その他、古生代に関して知っておきたい生物として、「アノマロカリス」と「甲冑魚」を挙げておこう。三葉虫類を含め、すべて海棲動物だ。

アノマロカリスは、「*Anomalocaris*」と学名を書く。カンブリア紀の生態系に君臨したとされる代表的な動物である。

カンブリア紀は、生命史上初めて弱肉強食の生存競争が本格化した時代として知られる。この時代、ほとんどの動物のサイズが10センチメートルに達しない時代だった。そんな時代に、アノマロカリスは1メートルもの大きさがあった。長さ10センチメートル超の大きな〝触手〟を2本もち、その触手の内側には鋭いトゲが並んでいた。頭部に細かなレンズがびっしりと並んだ大きな複眼が2個、からだはナマコのような形で、その背中にはえらが並び、からだの脇には多数のひれが並んでいた。

甲冑魚は、分類名ではない。文字通り、甲冑をもった魚たちを指す。その甲冑は骨の板でできていた。全長6メートルとも8メートルともいわれる「ダンクルオステウス（*Dunkleosteus*）」が代表だ。ダンクルオステウスの頭部は、まさに「兜」のような形だ。こうした甲冑魚の中から、軟骨魚類や硬骨魚類などが出現し、硬骨魚類の一部はやがて上陸して、両生類や爬虫類、哺乳類などへ進化していくことになる。

ダンクルオステウス

甲冑魚の大繁栄と脊椎動物の〝上陸作戦〟が展開したのは、古生代における4番目の「紀」

にあたる「デボン紀」だ。約4億1900万年前～約3億5900万年前を指す時代である。なお、甲冑魚はその後ほどなく姿を消した。

古生代が終わったのは、約2億5200万年前。このとき、史上最大と言われる大量絶滅事件が勃発し、古生代に築かれてきた生態系は、事実上リセットされた。

恐竜とアンモナイトと

史上最大の大量絶滅事件から一夜明けた。

約2億5200万年前に始まり、約6600万年前まで続いた時代を「中生代」という。

中生代は、俗に「恐竜時代」と呼ばれる。古生物の中でも圧倒的な人気を誇る恐竜類は、遅くとも約2億3000万年前に登場し、そして、中生代末にそのほとんどが姿を消した。唯一生き残った恐竜類のグループが、現在の地球において〝制空権〟を握っている鳥類である。

中生代は「三畳紀」「ジュラ紀」「白亜紀」という三つの「紀」に分割される。恐竜類は、三畳紀に登場した。ただし、実際に繁栄したのは「ジュラ紀」と「白亜紀」だ。ちなみに、映画『ジュラシック・パーク』や『ジュラシック・ワールド』のシリーズに登場する恐竜類の多くは、白亜紀のもの。恐竜類どころかすべての古生物において随一の知名度を誇る「ティラノサウルス（*Tyrannosaurus*）」も、白亜紀末の北アメリカに生息していた。

白亜紀は〝超温暖期〟であり、現在よりもかなり気温が高かった。地球上に氷河は存在しなかったとされ、また、海水面も高かった時代である。そのため、世界各地で、広大な陸地が水没していた。

そんな広い海で大繁栄を遂げた海棲動物が、アンモナイト類だ。アンモナイト類はタコ類やイカ類と同じ頭足類というグループに分類されている。アンモナイト類の種の数は、三葉虫類に匹敵するとされる。アンモナイト類もまた「化石の王様」の称号にふさわしい。その化石は世界中で産出し、日本でもよく採れる。

約６６００万年前になると、一つの巨大な隕石が落下して、鳥類をのぞく恐竜類やアンモナイト類など、多くの動物を滅びに追いやった。この大量絶滅事件の規模は古生代末ほどのものではなかったが、それでも生態系を激変させるには十分だった。

アンモナイト類

クジラと人類とマンモスと

中生代が終わり、「新生代」が始まる。

新生代にも三つの「紀」がある。古い方か

ら「古第三紀」「新第三紀」「第四紀」だ。古第三紀と新第三紀の境が約２３００万年前、新第三紀と第四紀の境が約２５８万年前である。

新生代の歴史や古生物は、しばしば「世」という時代単位で語られる。古第三紀に「暁新世」と「始新世」「漸新世」があり、新第三紀に「中新世」「鮮新世」、そして第四紀に「更新世」「完新世」がある。

こうして「世」が並ぶと「難しい」と感じるかもしれない。そこで、いわゆる受験テクニックとしての覚え方を披露しておこう。

「暁」きがあって「始」まる。「漸」次、進んで「中」ばに至る。「鮮」やかさが「更」に進んで「完」成する。

かつての地学受験生（少なくとも私のまわり）は、こうして漢字の意味と兼ね合わせて覚えたものだ（今はどうだか知らないけれど）。「世」の順番を記憶しておくだけでも、新生代の古生物はぐっと面白くなる。

新生代は「哺乳類の時代」と呼ばれる。中生代に登場し、恐竜たちの〝陰〟で細々と命脈を保っていた哺乳類が、中生代末の大量絶滅事件をギリギリで生きのびて、瞬く間に多様化を遂げた時代だ。古第三紀と新第三紀を通じて、現在の地球で生きている哺乳類の各グループ、そして途上で滅んださまざまなグループが出現し、栄枯盛衰の物語を繰り広げた。

とりわけ重要な時代が、古第三紀の「始新世」である。この時代、イヌやネコの祖先、クジラの祖先、ウマの祖先などが出現している。哺乳類の祖先を追いかけたとき、その古生物のいた時代が「始新世なのか」「始新世よりも前なのか」「始新世よりも後なのか」。始新世に注目するだけでも、あなたの〝身近な動物たちの出発点〟が見えてくるだろう。ちなみに、「最初の人類」が出現したのは、今から約７００万年前のこととされている。始新世の次の次の時代。新第三紀中新世の末の話だ。

第四紀は「氷河時代」と呼ばれ、基本的には〝寒い時代〟である。氷河時代にはより寒い「氷期」と、寒さが少し緩んだ「間氷期」が繰り返し訪れている。直近の氷期は約1万年前に終わり、現在は間氷期にあたる。なお、「氷河期」という言葉も存在するが、

ケナガマンモス

この場合、それが「氷期」を指すのか、それとも氷期と間氷期をあわせた期間をさすのか、いささかややこしい。そこで、本書では「氷河時代」を採用し、「氷河期」という単語は用いないこととする。

古生物の中でも〝著名人〟といえる「ケナガマンモス」こと「マムーサス・プリミゲニウス（*Mammuthus primigenius*）」は、第四紀の更新世に大繁栄した哺乳類である。長い体毛などの徹底した〝耐寒装備〟は、氷期を生き抜くにあたって彼らの繁栄を支え、そして台頭してきた人類の食料や衣料、各種の道具、家の建材となった。

生命史におけるこのくらいの流れを頭の片

隅（片隅で良い。しっかりと記憶しておく必要はない）に置いておけば、今後の〝探偵術〟に役立つだろう。個々の時代に関しては、必要に応じて適した資料を開けば、さらに知識を深めていくことができるはずだ（ホームズだって、自室に犯罪者のファイルなどを用意し、必要に応じて開いていることだし）。なお、そうした資料に関しては、巻末の参考文献を参考にされたい。

第2章　現在は過去を解く鍵

「いや、ワトスン、きみの目にもすっかりみえているんだ」（青い紅玉／シャーロック・ホームズの冒険：創元推理文庫）より。

「当たり前」に見える基本原理

化石を研究するということ、古生物を知ろうということは、「過去を探る」ということだ。そして、近代以降の科学の世界において、「過去を探る」という行為に対して、拠って立つべき〝基本原理〟がある。

それは、「斉一説」と呼ばれる考え方だ。

過去を探る研究の大部分は、この考え方にもとづいて展開される。

「○○説」と聞くと、何やら難しそうに感じるかもしれない。しかし、身構える必要はまったくない。

斉一説はとてもシンプルで、「現在は過去を解く鍵」という言葉で端的に表現される。もともとは、18世紀に活躍した地質学者のジェームス・ハットンによって提唱されたもので、「現在の地球で起きている自然現象は太古の地球でも同様に起きていたはず。そうした現象がゆっくりと長い時間をかけ地形などを変えていく。だから、現在の地球で観察される現象から過去を読み解くことができる」という意味である。

たとえば、ここに深い谷があるとしよう。グランドキャニオンのような峡谷を思い浮かべてもらいたい。

この谷は、いかにしてできたのだろうか?

地形を司る神がいて、「谷あれ!」と唱えたのだろうか。

あるいは、巨人がその手で気晴らしに土遊びをしたのだろうか。

ちがう。

その谷は、川が地面を削ることでできたのだ。

現在の谷を見ると、そこを流れる川が少しずつ地面を削っている。川の水と、そこに含まれるさまざまな粒子が川底に衝突し、削り、わずかではあるが、川底は日々深くなっていく。長い年月を経れば、そんなわずかな力であっても深い谷をつくる。

これが斉一説である。

過去の事象は、現在の事象と比べても、何ら特別なものではない。過去も現在も、起きていることは同じ。だから、過去を知るためには、現在を知る必要があるし、過去を読み解くためには、現在がヒントとなる。

化石を含む地層、その周囲の地層を細かく観察し、そこにちりばめられたヒントを見い出し、現在の地球で起きている現象を参考に正しく読み解けば、過去を復元することができる。

神のような〝超常の存在〟は、そこに寄与しない。斉一説は、私たちの生きるこの世界の観察こそが、過去にせまる手がかりとなることを示している。私たちは、謎解きの手がかりを日常的に見て暮らしているのだ。

天変地異説と進化論

斉一説は、ハットンによって提唱され、19世紀に活躍した地質学者のチャールズ・ライエルによって〝確立〟された。

実は、19世紀前半には、この斉一説に真っ向から反対する学説があった。

それが「Catastrophism」だ。

日本語では、「天変地異説」あるいは「激変説」と訳される（統一されていない）。フランスの博物学者ジョルジュ・キュヴィエによって提唱された。ちなみにキュヴィエは、古生物学の基礎を築いた人物の一人としても名を残している。

天変地異説は、文字通り「地球の変化は突如として勃発し、そして、再び創造される」というものである。この学説は、当時のキリスト教社会に大いに歓迎された。それというのも、彼らは、「史上最後の天変地異こそが、ノアの洪水である」と主張したのだ。〝地球を覆い尽くすような大洪水〟は、まさに天変地異であり、そしてノアの方舟に乗った生物による再生こそが、現在の地球の礎になっていると考えた。

しかし、天変地異説はその後、しだいに否定されていく。

19世紀半ばには、イギリスの博物学者であるチャールズ・ダーウィンが『種の起源』を出版。世に言う「進化論」の誕生だ。この進化論の誕生にも、斉一説は寄与していた。進化論もまた「生物の変化は突然進むのではなく、長い時間をかけてゆっくりと進むものだ」と説く。

当初、進化論もキリスト教社会の大きな反対を受けた。先に紹介したキュヴィエも反対者の一人だ。しかし、数多くの証拠によってしだいに受け入れられるようになった。膨大な証拠に裏付けられた斉一説と進化論は、近代科学の基礎となっていく（ただし、現在でも宗教色の強い地域では、否定されている）。

もっとも、現代の私たちは、天変地異としか呼べないような「突然の変化」が、地球と生命の歴史にしばしば訪れたことを知っている。

有名なものでは、今から約６６００万年前の中生代末に起きた巨大隕石の落下だ。いわゆる「恐竜の大絶滅」で知られる一大イベントである。

これぞ、「天変地異」と呼ぶにふさわしい大事件といえる。

現代の研究者は、こうした〝天変地異事件〟のときに、いったい何が、どのように、どのくらいの時間をかけて起きたのかの解析を進めている。斉一説をベースにしつつ、天変地異も〝無視〟しない。ただし、その天変地異は、神などの超常の存在によるものではなく、あくまでも自然現象の一つとして発生するとして、考えられている。

第壱部　徒手空拳は似合わない【アイテム編】

「この事件の手がかりは全部にぎっているのです」（踊る人形／『シャーロック・ホームズの生還』：創元推理文庫）より。

第1章　〝宝の地図〟が必要だ

裏庭に恐竜化石は眠っていない

たとえば、あなたの家の庭を掘ったとしよう。庭から恐竜の化石が出るだろうか。

残念ながら、日本において「家の庭から恐竜化石がみつかる可能性」は、極めて低い。日本の宅地のほとんどは造成された人工のものであるし、仮に造成された土地ではなくても、日本における恐竜の化石がみつかる地層がある地域は、かなり限られている。

では、仮に三葉虫の化石がみつかる地層があったとしよう。その地層をくまなく探せば、恐竜化石がみつかるのだろうか。

こちらも、否だ。

三葉虫は、古生代の生物。その化石があるということは、地層は古生代のものだ。一方、恐竜は中生代の生物である。古生代の地層から、中生代の生物の化石はみつからない。恐竜化石を探すには、中生代の地層を探す必要がある。

恐竜の化石がみつかる地層があったとしよう。その地層を探せば、同じ中生代の生物であるアンモナイトの化石はみつかるのか。

これも、その可能性は低いといえる。

恐竜は陸の生物だ。……ということは、その地層は陸でできたものだ。一方、アンモナイトは海の生物である。陸でつくられた地層からアンモナイトの化石はみつからない。

ただし、海の地層から陸の生物である恐竜の化石がみつかることはある。

それは海に恐竜が生息していたわけではなく、陸から海へ流されてきた遺骸が海底に沈んで化石になった例があるからだ。

あなたの足の下にある地層がいつ、いかなる場所でつくられたのか？

その情報を示す〝特殊な地図〟が「地質図」だ。

地質図は研究者や技術者が各地を歩き、調べ、そしてまとめた研究成果であり、特定の時代の、特定の環境に生きていた生物の化石を探すことにおいて、まさに「宝の地図」であるといえる。

つまり、地質図がなければ、化石を探せない。

精度の高い地質図があれば、自分の足下の地層が、いつ、どこで、つくられたものなのかを知ることができる。

なお、産業技術総合研究所地質調査総合センターが運営するウェブサイト「地質図

Navi」では、50万分の1、20万分の1、7・5万分の1、5万分の1などの各種の日本の地質図が無料公開されている。自分の家の周辺を調べてみると意外な発見があるかもしれない。

まずは、地形を制す

多くの地質図は、「地形図」をベースにつくられている。したがって、地質図を解読するためには、地形図を読み解く能力も必要となる。

地形図は、現実世界における3次元の地形情報を、2次元の紙の上にまとめた地図だ。地形図において〝マイナス1次元〟の役割を担うのは、「等高線」という線。文字通り高さが等しい場所を結んだ線だ。

日本における最も基本的な地形図の縮尺は、2万5000分の1である。この縮尺は、現実世界における250メートルが1センチメートルで描かれていることを意味している。およそ10両編成の新幹線が、あなたの親指の爪の幅よりも短く描かれている……と考えれば、そのスケール感が伝わるだろうか。なお、この2万5000分の1地形図における等高線は、高さ10メートル間隔が基準である。

化石を、というよりは、化石が含まれている可能性がある地層を探すときには、等高線と等高線の間隔が狭い場所で、そして、沢や川沿いを狙うことが多い。

等高線の間隔が狭いということは、その場所が急角度の地形（たとえば、崖など）になっていることを示している。

とくに日本における土地の大部分は土壌に覆われている。土壌は一般的には「土」と呼ばれるものだ。土は有機物などの栄養分と水分をよく含み、植物が根をはるもので、基本的に土壌には化石は含まれない。そもそも地層はその土壌の下にある。「地層」と「土」は別物なのだ。

沢や川では、その岸と底が水の流れで削られている。そのため、土壌の下にある地層がむき出しになっていることが多い。

地層がむき出しの崖こそ、化石を探しやすい場所なのだ。

だから、地形図において沢や川沿いにあり、等高線の間隔の狭い場所がまず狙い目となる。

天気図で感覚を磨く

かように地形図の解読能力は、化石探しにとって必須といえる。

簡単にいえば、それは等高線を読み解く能力だ。

改めて、そのポイントをまとめておこう。

等高線にはそれが標高何メートルの線なのか、どこかに数値が書かれているはず。その数値を比べれば、地図上で右が高いのか、左が高いのかがわかる。

等高線の間隔が広ければ、その場所は傾斜が緩く、等高線の間隔が狭ければその場所の傾斜はきつい。たとえば、2万5000分の1地形図で、等高線の間隔が4センチメートルであれば、そこは10メートル上る（あるいは下る）間に1000メートルの距離があることに対し、等高線の間隔が1ミリメートルであれば、10メートル上る（あるいは下る）間の距離は25メートルしかないことを意味している。

地形図の解読能力は、「自分が今どこにいるのか？」の把握（たとえば、地質図でみた目的地にたどり着いたのか、など）に絶大な威力を発揮する。スマートフォンなどのGPS機能を使えば良いのでは、と思うかもしれない。しかし、等高線の間隔が狭い、つまり急斜面の多い沢では、その地形と生い茂る樹木によって衛星からの電波が事実上遮断され、GPSが役に立たないことがほとんどだ。地形図を読み、周囲の地形から地図上のどこに自分がいるのかを把握できないと、現在地も、目的の場所に到着しているのかさえも、わからないのである。

等高線を読み解く〝感覚〟を磨きたければ、日々の天気図を見ると良いだろう。天気図の場合、そこには「等圧線」（等しい気圧を結んだ線）が描かれている。天気図において、等圧線の間隔が広ければ、気圧の傾斜が緩やかであることを意味し、風は弱い。等圧線の間隔が狭ければ、気圧の傾斜が急となり、強い風が吹く。台風の等圧線の間隔などに注目すると一目瞭然だろう。こうした気圧の傾斜と等圧線の間隔は、地形の傾斜と等高線の間隔に似ている。

化石探しならずとも、地形図が読み解ければいろいろと便利だ。たとえば、河川の氾濫が起きたとき、水の流れる方向がわかるし、慣れてくれば、道に迷っても地形と地形図から現在地を特定することができる。習得しておいて損のない技術といえる。

その地層はどれほど傾いているのか

化石は地層に含まれる。

そして、地層は文字通り「層」になっている。多くは、川底や海底などに堆積したもので、〝水手の板〟だ。

その層は、地下でさまざまな角度に傾斜している。水平な地層があれば、傾いている地層もある。直立した地層も、傾きすぎて上下が逆転している地層だってある。そして、地層の傾きは地上に露出しているところだけを一見しただけではわからない。地質図を見ても読み取れない。

地質図はあくまでも「最も上の地層」が示されている図である。

しかし地質図を読み解けば、傾斜もわかる。目的の地層がどの方向に、どのくらいの角度で傾いているのかを知ることができる。

傾斜は重要な情報だ。

たとえば、傾斜90度、つまり、垂直に立った地層があるとしよう。その地層は、地表からどれほど掘り進んでも、同じ地層である。

しかし、傾斜が0度、つまり水平であれば、地表から掘り進めれば、その地層の下に別の地層が出てくる。

ここでは「掘り進む」と書いたけれども、それは何も自分で掘る必要はない。沢や川などへ行けば良い。そこでは、水の力で地層が掘り込まれている。地層が水平ならば、深い谷に行けば、容易にその地層の下にある別の地層を確認することができるだろう。沢や川の重要性がよくわかる。

地殻変動の激しい日本には、なかなか「傾斜0度」の地層はないけれども、たとえば、アメリカのグランドキャニオンなどの地層はほとんど傾斜0度だ。谷の上から下へと歩くだけで、さまざまな地層を見ることができる。

一方、先ほど挙げた、傾斜90度の地層の場合、実は別の地層への移動はより簡単だ。

水平方向へ移動すれば良い。それだけで、別の地層に出合うことができる。

傾斜情報を分析すれば、地質図に記された「最も上の地層」の下にどのような地層があるのかがわかる。

研究者は、こうした情報をもとに「あのあたりには、目的の時代の地層がありそうだ」などと範囲を絞り込んで現地調査を行うのだ。

第2章　細かい記録が、情報を生かす

「細目こそが、事件を観察するための鍵なんだがね」（花婿の正体／『シャーロック・ホームズの生還』：創元推理文庫）より。

もっと細かい地図が必要だ

化石を無事に探し当てたとして、その位置を記録することは、欠かすことのできない重要な作業だ。いったいどこから採れたのか、それはどのような場所で、いかなる地層から発見されたものなのか。

地形図・地質図上にその記録をしっかりと残す必要がある。

記録をしっかりと残せば、のちの研究者もその場所を特定することができる。あなたが読み取った情報の〝確からしさ〟を検証することが可能となる。この検証こそが、科学の基本だ。検証できなければ、それは科学ではない。〝のちのホームズ〟のために、事件現場の詳細な位置を記し、報告することは「基本のキ」なのだ。

では、どのくらい細かな地図が必要なのだろう?

産業技術総合研究所地質調査総合センターの「地質図Navi」で公開されている地質図の縮尺は、最も細かいもので5万分の1である。また、一般的に入手できる地形図の縮尺は2万5000分の1だ。

5万分の1の縮尺では、現実世界の500メートルが1センチメートルに描かれており、2万5000分の1の縮尺では現実世界の250メートルが1センチメートルに描かれている。つまり、2万5000分の1の縮尺では、およそ10両編成の新幹線が、あなたの親指の爪の幅よりも短く描かれている。5万分の1では、新幹線10両編成が5ミリメートル幅に描かれる。

当然のことながら、現場の位置を記録するには、この縮尺ではあまり役に立たない。新幹線の何両目の何番の座席に忘れ物をしたとして、それを1センチメートル幅の地図から探すのは、現実的なことではない。なにしろ、1ミリメートル単位でその地図を解析して、ようやく車両を特定できるレベルなのだから。

もっと精度の高い地形図や地質図が必要となってくる。

たとえば、5000分の1の縮尺のある地形図や地質図だ。5000分の1ということであれば、現実世界の50メートルが地図上の1センチメートルに描かれていることになる。地図上の1ミリメートルが現実世界の5メートルに相当する。2万5000分の1と比べるとかなり現実的だ。

願わくは、2500分の1があるともっと良い。地図上1ミリメートルが、現実世界の25メートルになる。小中学校のプールのどこかに落とした〝宝物〟を、地図上で指差すようなものだ。まだ探し物をするには大変だけれども、それでも2万5000分の1の地図を頼りに探すよりはかなり現実的といえる。

念のために触れておくと、2万5000分の1や、5万分の1の地形図や地質図が「不要」というわけではない。広範囲の地形と地質を見るには、こうした小さな縮尺の地図は必要である（地図の世界では、縮尺の数字が大きいほど「小縮尺」と呼ぶ）。とくに地質図は、たとえば、目的とする古生物がかつてどのような環境に棲んでいたのか、どのくらいの昔を生きていたのかなどを探るときに、こうした小縮尺の地図に記された広域情報を用いる。

手がかりは自分で集める

手元に精度の良い地質図がなければ、自分でつくることになる。

その場合、大縮尺の地形図があれば、そこに地質情報を記録していく。地質情報は、もちろん地層が露出している現場で手に入る。

地層が露出している現場のことを「露頭」という。

露頭では、どのような岩石が露出しているのか、その地層はどちらの方向に、どのくらい傾いているのか、などを観察する。

地層のイメージは、重なった「板」だ。湖や海の底では、砂や泥の粒子は平らにたまる。つまり、地層は平らな板として考えることができる。

板ということは、地表に露出していない場所でも、その地下がどのようになっているのかを推測できるということだ。傾斜の角度と方向を測定するのであれば、すべてが地表に露出している必要はない。板のどこかが露出していれば良いだけだ。

ただし、その板は曲がることがあるし、厚さは一定ではないし、大きさ（広さ）もさまざまだ。したがってできるだけ多くの露頭をみつけ、多くの地質情報を集めていく。そうして集まった情報が多ければ多いほど、地質図の精度は向上していく。

自分の足で地図をつくる

大縮尺の地図がないのであれば、……自分でつくってしまえば良い。

標高の情報まで含めた地形図をつくるには、かなりの時間と高度な技術が必要となるけれども、高さの情報のない地図であれば、それほど大変なことではない。

ある道や川、沢ぞいに地質の調査を行うのであれば、そうした道や川、沢の大縮尺の地図を自分でつくる。必要なものは、記録するためのノートとペン、そして方位磁石と

あなたの一歩は何cmか？

自分の足だ。

大縮尺の地図をつくるのなら、数十メートル級の巻き尺を持ち歩けば、距離の測定は簡単にできる。でも、そんな巻き尺は重くて持ち歩くには不向きだし、現場を歩くときにいちいち立ち止まって測量していたら時間がかかってしかたがない。そこで、距離の測定には自分の足を使う。これを「歩測」という。歩測は、文字通り、自分の1歩が何センチメートルなのかを把握したうえで、何歩歩いたのかを記録していくやり方だ。

歩測をする場合は、まずは「自分の1歩」の長さを知る必要がある。そのためには、たとえば、20メートルの巻き尺などを使い、その距離を何歩で歩くのかを数える。仮に、20メートルを歩くために28歩ならば、1歩は約70センチメートルだ。1度だけではなく数回測定し、その平均値を採用する。あとは現場で歩くだけだ。

目標となるものを定め、自分の位置からの方位を記録する。その目標に向かって、まっすぐに歩く。そのときの歩数を記録する。目標物にたどり着いたら、次の目標物を探し、その方位を記録する。そして、その目標物に向かってまっすぐに歩き、歩数を記録する。「まっすぐ歩く」ことが大切で、そのための目標設定もポイントとなる。

この繰り返しだ。

もしも1歩が約70センチメートルならば、71歩歩いて50メートルだ。ノートに1センチメートルの直線を引けば、それは5000分の1の地図となる。目標物を細かく定めていけば、より精度の高い地図が出来上がる。

そうして出来上がった自家製の地図に、地質情報を記録していく。こうした高精度の地質情報が、やがて化石にまつわる研究をするためにも重要な要素となっていく。

第3章 〝七つ道具〟をそろえよう

「用意は万端にしておくにこしたことはない」（『緋色の研究』：創元推理文庫）より。

ハンマー――それは「金槌」とはちがう

それぞれの職種には、必要不可欠な道具がある。

いわゆる「七つ道具」だ。

業界によって、それは「七つ」とは限らない。ここで化石探しに必須の道具を挙げていこう。

・ハンマー

地層を削り、岩石を割るために欠かせない道具。大切なことは、必ず地質調査専用のものを用いること。博物館の売店や、インターネットでも販売されている。地質用のハンマーは、ヘッド部分がアルファベットの「T」字になっており、左右に突出している。片方の突出部分が尖っている「ピック型」と平たくなっている「チゼル型」がある。ピック型は硬い岩石を整形していく際に適し、チゼル型は軟らかい岩石を削ることに適している。

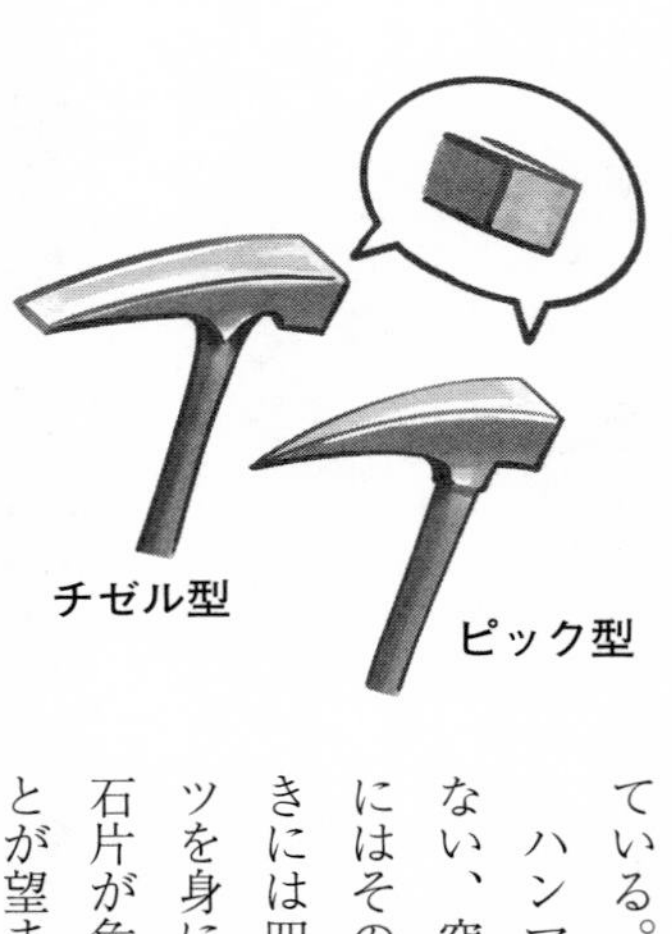

ハンマーの重要な面は、ピックやチゼルになっていない、突出部が四角になっている方だ。岩石を割る際にはその四角の面を打ちつけ、より細かくしていくときには四角の面の角を打ちつける。どちらの作業もコツを身につけるまでには時間がかかるし、飛び散る岩石片が危険なので、眼にはゴーグルや眼鏡をつけることが望ましい。

なお、長年にわたって岩石を割り続けると、ハンマーの四角の面は、しだいに角が丸くなっていく。こうなると、その〝威力〟は減退する。そのため、専門家にとって「ハンマーは消耗品」でもある。

注意したいのは、「ハンマーと金槌は違う」ということ。一般的な金槌は、金属部分（ヘッド部分）に穴を空け、そこに木を通し、固定している。ハンマー代わりに金槌を使っていると、この固定部分が緩み、最悪の場合、ヘッド部分がすっぽ抜けてしまう。とても危険だ。そのため、調査用のハンマーはヘッド部分と柄が一体型になってつくられている。これにより、ヘッド部分が吹っ飛ばないようになっている。

金槌はタガネ（後述）を使うような細かい作業ならともかく、「岩石を割る」という豪快な作業には不適だ。

必要に応じて、かつぐような大型のハンマーやツルハシなどの〝重装備〟をすることもある。そうしたハンマーは、「大割」や「〇〇大学スペシャル」などの固有名詞やそれに準じた名前をもつこともある。

・クリノメーター

野外において、地層の傾斜やその方向を測る専門道具。一見すると通常のコンパスに似ているが、東西方向の表記が逆になっており、地層測定に特化している。自分で地図を描く際にも使うことができる便利な道具である。しかし、その使い方には一定の修行が必要だ。大学の地質系講座やその実習では、最初に使い方を学ぶ道具でもある。ちょっと文章では説明しにくいので、気になった人は専門書やサイトをご覧いただきたい。

・タガネ

金属製の棒で、先端が刃状に平たくなっているものと、針状に尖っているものがある。長さは手のひらより少し大きいくらいのものが多い。ハンマーで打ちつけて使用する。大小のサイズがあり、大きなタガネは露頭で用い、小さなタガネは採集した化石の周りの岩石を取り除くために使われる。細かい作業に使う場合は、ハンマーではなく金槌で使用することもある。なお、より細かい作業には、焼入れをした太めの釘を使うこともある。

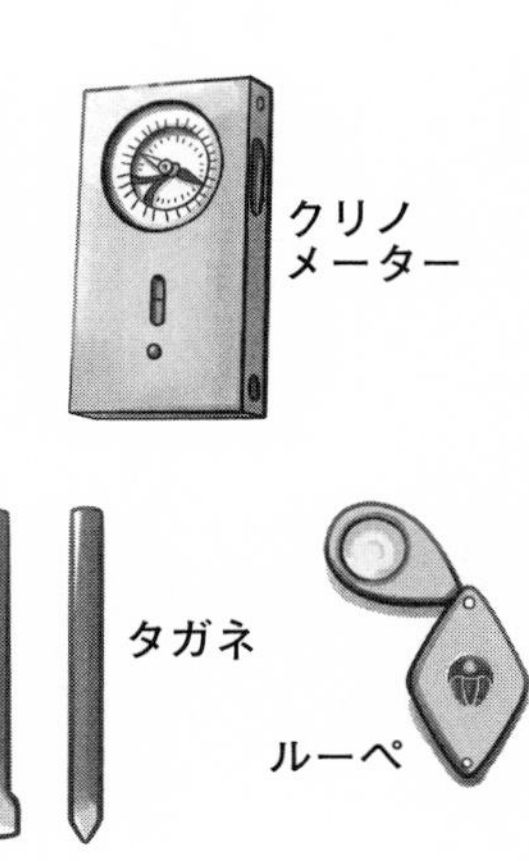

・ルーペ
いわゆる「理科用ルーペ」。レンズが収納できるもの。「虫めがね」の場合、野外で割れてしまう可能性があるので注意。なお、使用の際は、ルーペを眼に近づけて固定し、標本を前後させて焦点をあわせ、確認する。

・地質図と地形図
これがなくては自分の位置や化石の位置がわからない。必要に応じて、自作することがあるのは前章で触れた通り。

・記録用のノートと各種筆記具
専門家に好まれるのは「フィールドノート」。「野帳」とも呼ばれる。ポケットに入るサイズで、野外で立ったままでも書きやすいハードカバー。装丁も丈夫になされており、方眼が入っているものが多い。野外でもそう簡単には破れない。さまざまなスケッチや自作の地図の作画、思いついたことのメモなどに使う。

筆記具は鉛筆、色鉛筆のほか、細密画用の耐水性のペンなどが好まれる。水に濡れても書き続けることができるよう、ペン先はあまり鋭くないことがポイント。

・折尺

伸ばすと1メートルになる折り畳み式の定規だ。地層や化石の長さを測ったり、写真を撮る際に目標物の隣においてスケールの代わりにしたりする。長さの測定は巻き尺でも可能だが、スケールとして使う際には折尺の方が便利。

・携帯電話

野外において必ずしもつながるとは限らない（圏内とは限らない）が、それでも一つあると便利。近年は、スマートフォン用のさまざまな地図アプリもあり、有用なものもあるらしい（筆者は未確認）。

・カメラ

さまざまな記録に便利。多くの化石は急峻な沢でみつかる。そのため、暗いことも少なくない。レンズは明るいものが良く、高感度撮影でノイズの少ない機種が好まれる。もちろん、防水・防塵性能も必要だ。携帯電話のカメラを使えば良いと思うかもしれないが、非常時に備えて携帯電話のバッテリーは温存しておきたいところ。

・サンプル袋

プラスチック製で、チャックのあるもの。大小ある。文字通り、さまざまなサンプルを持ち帰る際に便利。

・新聞紙

岩石や化石を包む。また、万が一、野外で一夜を明かすような事態になったとしても、その保温性は役に立つ（筆者の実体験でもある）。少なくとも朝刊1日分は持っておきたいところ。

・熊鈴

熊よけのアイテム。とくにヒグマの生息する北海道では必携。ただし、川や沢を調査する場合は、水の流れる音で鈴の音が消される場合があるので注意。大切なことは、「ここに人間がいる」と主張することなので、研究者はさまざまな工夫をしている。筆者は学生時代、熊鈴に加えて、携帯ラジオを大音量で流し、さらに視界の悪い場所では爆竹も鳴らしていた。

・ヘルメット

頭部を守るための大切な防具。崖周辺を調査する際には、必須のアイテムである。なお、一度傷がついたヘルメットは強度が大きく下がる。

・偏光サングラス
ただのサングラスではなく、偏光板の性能を搭載したもの。機能的には、さまざまな方面から眼に入る光をカットし、1方向からの光しか眼に届けない。……ということは、水面の乱反射などを防ぐ役割を果たし、沢や川を歩くときに、水底を見やすくする効果がある。

・軍手
手を守るための大切な防具。滑り止めがついていると、より便利。

・雨具（レインコート）
どのような天候であっても必携。調査中の天候急変はよくある。両手が自由になるレインコートが良い。

・調査鞄

肩から下げるもの、背中に背負うもの、腰につけるものなど多様。基本は、とにかく丈夫なものを採用すること。そして、道具の量や自分にとっての使い勝手の良いものを採用すると良い。ちなみに、筆者は背中に登山用のリュックサック（内容量30リットル前後）を背負い、そこには雨具や弁当、サンプルなどを収納し、肩から小さな鞄を斜めに下げ、そこにフィールドノートや地形図などのすぐに使うさまざまな道具を入れ、そして腰のベルトにホルダーをつけて、ハンマーを持ち歩いていた。

・蚊取り線香

地域によっては、やぶ蚊対策は必須。腰から下げられるものが良い。なお、野外ではあまり殺虫剤は役に立たない。

日本人なら地下足袋の威力を知っておいても良い

服装は原則として長袖長ズボン。軍手やヘルメットの装着とあわせて、肌の露出を減らすことが基本中の基本だ。

化石探しのために野外を歩くときは、ときに藪の中を歩き、ときに崖下で作業をする。草木は容易に肌を切るし、小さな転石も簡単に人を傷つける。そうした怪我を避けるためにも、長袖の上着を着て、長ズボンを穿く。なお、季節によっては虫に刺されることも少なくなく、その対策としても長袖長ズボンは役に立つ。

なにしろ、基本とする装備品が多いので、服のポケットが多いことが望ましい。もっとも、フィッシングベストを着用すれば、ポケットの数はカバーできる。

ズボンに関しては、好みが分かれる。水に濡れても乾燥しやすい薄い生地を愛用する研究者がいる一方で、丈夫さを重視してジーンズを穿く研究者もいる。ちなみに学生時代の筆者は後者だった。

靴は、最低でもトレッキングシューズが望ましい。しっかりと足を保護する一方で、野外の道なき道を歩きやすくする靴だ。

通常の運動靴はもとより、ハイヒールやサンダルは論外。なお、長靴もよろしくない。化石探しは、「沢や川を中心に歩く」ことが多いから、「では、丈の高い長靴を履こう」と思われるかもしれない。しかし、長靴はその中に水が入り込んだとき、機動力を著しく落とす。試しに、自宅の庭などの安全な場所で、内部に水を満たした長靴を履き、歩いてみるといい。歩きにくいことこの上ないはずだ。

とくに沢や川を歩くときにおすすめは、地下足袋。底がゴムになっているものでも、スパイクになっているものでも良い。滑りやすい場所で、地下足袋はかなり踏ん張りが利く。建築の職人さんたちが愛用していることも納得の性能だ。

ルーペやペンなどを首から紐で下げることも危険である。野外ですぐに取り出せる便利さはあるが、うっかり足を滑らせたときに、その紐が枝などにひっかかるととても危険。意図せずに首を絞めてしまう可能性がある。紐を使う場合には、服装や調査鞄などとつなげると良い。

首まわりには手ぬぐいを。汗をぬぐったり、とっさに手を拭いたりするほか、首を保護することにも役立つ。

装備面において大切なことは自然を見くびらないこと。服装と装備は、多すぎると重くなり、機動力を削ぐことになるが、何かが足らないと命に関わることになる。どちらを優先すべきかは言わずもがなだ。

第弐部　化石を探せ

第1章　化石になる、という珍しさ

「異常であるということは、手掛かりにこそなれ、けっして障害にはならない」（『緋色の研究』：創元推理文庫）より。

そもそも化石とは何か

化石を探そう。

化石から情報を読み取ろう。

……と、その前に一つ、問いかけておきたい。

「そもそも化石とは何か」

あなたのイメージする「化石」とは何だろう？

一般に、「化石」とは「古いものの代名詞」のように扱われる。化石のような考え方。その道具はもはや化石といってよい……といった具合だ。もちろん、これらは比喩表現であり、化石そのものを説明する言葉ではない。

日本古生物学会が編集した『古生物学事典　第2版』によると「化石とは、地質時代の生物（古生物）の遺骸および古生物がつくった生活の痕跡」であるという。地質時代とは、第零部第1章で紹介した各時代のことであり〝人類の文明史が始まる前の時代〟のことだ。かなり大雑把に「約1万年前よりも昔」と定義されることもあるが、もとより文明開始は地域差が大きい。そのため、研究者によっては、数百年前の生物の遺骸であっても、そこが文明の影響のない場所なら「化石」と呼ぶことがある。

一方で、人類の文明が関与していれば、どんなに古くても化石ではないとされる。たとえば、エジプトのピラミッドや、世界各地・日本各地で発見される石器時代の遺跡などは、いずれも化石ではない。

大事な点は、化石の定義に「硬い」という単語が入っていないことだ。その字面から「化石は石のように硬いもの」と錯覚しがちだし、実際に石のように硬い化石もたくさん存在するが、それがすべてではない。化石の中には、触ればボロボロ崩れるものも、（新鮮な）空気に触れると短時間で分解されてしまうものも多くある。

日本語でこそ「石」に「化」けると書くが、英語の「fossil」の語源にあたるラテン語の「fossilis」には、「硬い」という意味はない。「fossilis」は、「掘り出されたもの」という意味である。

さて、「化石とは、地質時代の生物（古生物）の遺骸および古生物がつくった生活の痕跡」という定義にもう一度注目しよう。

古生物の遺骸ばかりではなく、「古生物がつくった生活の痕跡」という一文にお気づきだろうか。

生活の痕跡とは、足跡や巣穴、糞などだ。生物本体が残っていなくても、足跡や巣穴、糞などが残ることがある。これらも立派な「化石」だ。

生物本体の化石のことは「体化石」、生活の痕跡の化石は「生痕化石」と呼ばれる。

体化石は生物の姿を知ることに役立つが、その生物がどのように生きていたのかに関しては情報が乏しい。

一方で、多くの生痕化石は、その痕跡を残した生物を厳密に特定できないけれど（たとえば、糞化石をみつけて、その〝排出の主〟を特定することは困難である）、その生物の暮らしに関しては多くの情報が残されている。

悲劇的な死ほど化石になりやすい

生物の遺骸が化石となるには、さまざまな条件をクリアする必要がある。

第一に、死後、可能な限り早い段階で、地中に埋もれる必要がある。もしも、長期間にわたって遺骸が地表に放置されていた場合、たとえば、それが動物のものなら、肉食動物にとっての格好の食料だ。遺骸は食い散らかされ、踏み潰され、破壊されてしまう。水中においても同じであり、水底に放置される遺骸は魚たちに荒らされる。

とくに陸では、仮に肉食動物にみつからなかったとしても、風雨が容赦なく遺骸を壊す。

肉食動物や風雨から〝遺骸を保護する〟ためにも、速やかに地中に埋もれなければならない。

「速やかに地中に埋もれる」場合とは、どのような状況なのだろうか？

寿命を迎えての大往生では、ダメだ。肉食動物の格好の獲物である。

たとえば、洪水に襲われた。

たとえば、崖が崩れた。

たとえば、砂嵐に巻き込まれた。

水中ならば、たとえば、酸素ゼロの水の塊に襲われた。

……そういった、〝非日常の出来事〟があると、生物は急死したうえに、すぐに埋没する。

言い換えるならば、保存の良い化石ほど、「悲劇的な死」である可能性が高いのだ。

また、地中に埋没した化石も、すべてが同じように保存されるわけではない。

たとえば、大型の生物ほど全身は化石に残りにくく、小型であればあるほど全身が化石に残りやすい。全長30メートル超の巨大恐竜や、樹高数十メートルという巨木の化石は、実は部分的な化石しか残されていないことが常である。一方で、たとえば、顕微鏡

〈化石になるまで〉

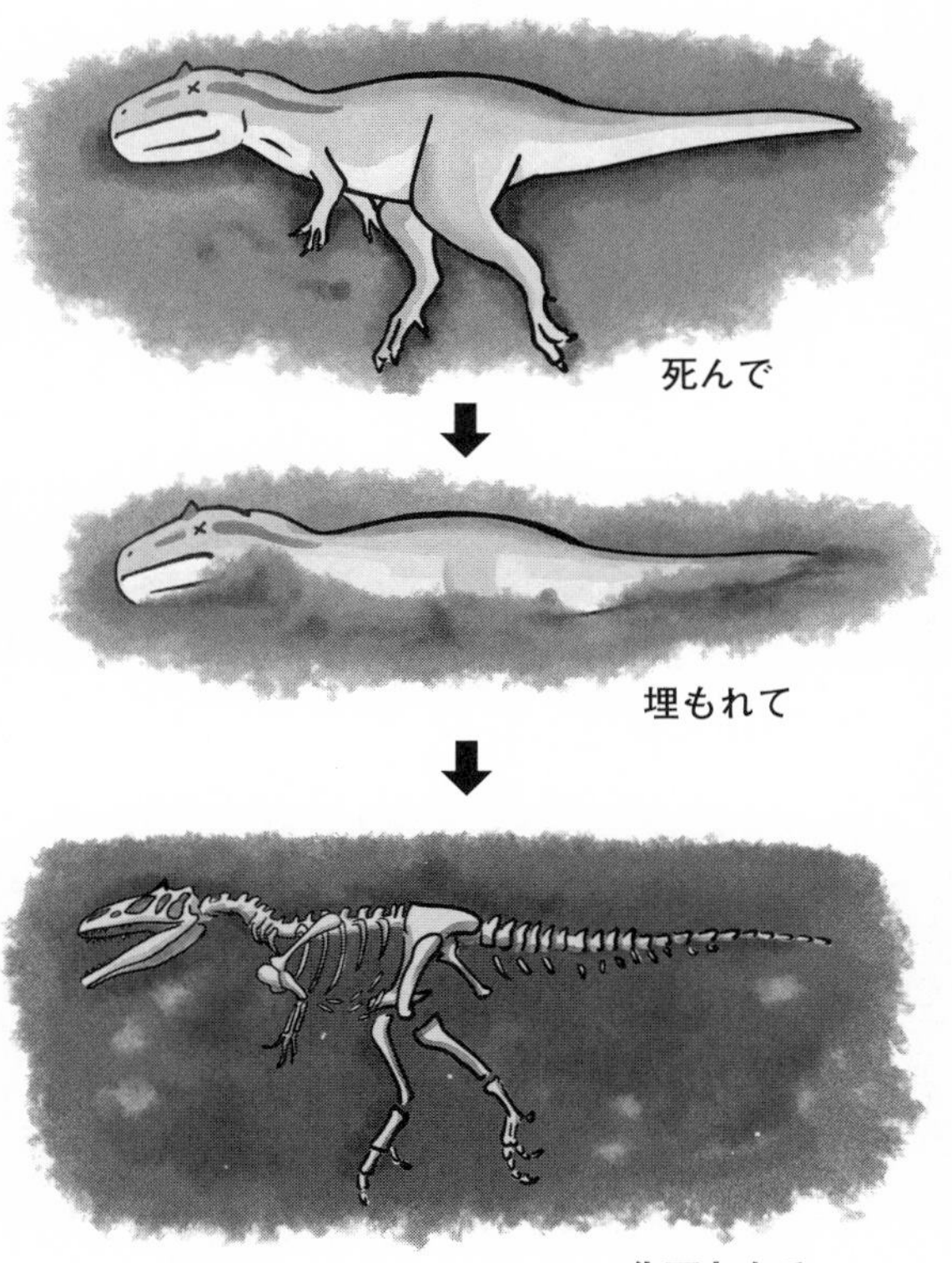

サイズの化石は、ほぼ全身がまるごと残されている。

大きなものは、地中に埋もれるためにかかる時間も長く、地中に埋もれても、地層のずれや、変形の影響を受けやすいのである。

そして、肉や内臓といった軟組織よりも、骨や殻といった硬組織の方が化石として残りやすい。軟組織は、地中にあってもさまざまな小動物や微生物によって食べられて、分解してしまうからだ。

「不完全」が当たり前

こうしたさまざまな〝フィルター〟が化石ができるまでにかかる。そのため、化石を研究する古生物学においては、「化石はそもそも不完全なもの」という前提条件からスタートしなければいけない。

化石の多くは、非日常で異常なのだ。

このように書くと、「そんな不完全でイレギュラーなものを研究する意義はあるのか」

と問われることもあるかもしれない。実際、筆者はかつて、そう問われたことがある。結論からいえば、もちろん意義はある。

化石を研究するということは、生命史に「窓を開ける」ことなのだ。

私たちは、この窓を通してしか、生命史を見ることはできない。窓から見える景色が、世界のすべてではないけれども、窓を開けなければ何も見えない。

だからこそ、不完全で異常であることを前提としたうえで、さまざまな知識を投入し、推理し、裏付けをして、研究を進めていくのである。

もっとも、「異常の中の異常」ともいえる化石産地が、実は存在する。本来であれば、化石に残りにくい軟組織が保存されていたり、大小問わず、さまざまな動物群が保存されていたり。言うなれば、「大きな窓」ともいえる化石産地である。そうした化石産地は、とくに「化石鉱脈」と呼ばれる。

化石鉱脈はさまざまな特殊事情が重なって例外的に保存の良い化石が残されている場所であり、生命史の解明にこれまで大きな役割を果たしてきた。化石鉱脈そのものは、本書のテーマから外れるので詳しい言及は避けるが、気になる方には、P・A・セルデンとJ・R・ナッズが著した『世界の化石遺産』（朝倉書店）や、拙著で恐縮だが『化石になりたい』（技術評論社）をすすめておきたい。

第2章 〝宝箱〟を探せ！

「見るべきところを見ないから、たいせつなものをみな見落としてしまうのさ」（花婿の正体／『シャーロック・ホームズの冒険』：創元推理文庫）より。

化石が綺麗に保存されている岩塊

化石を探すときは、地質図で「狙う時代」を確認し、地形図でその時代の露頭がありそうな場所を特定し、現地で調べる。そのとき、自分で大縮尺の地質図を制作し、露頭周辺の細かな地質情報を記録しておくとのちのち役立つ。

ごく一般的な手法では、過去の研究記録を調べてから現地調査にのぞむ。〝二匹目のどじょう〟を狙うこの方法は、成功率が高い。化石は特定の条件下でできる例が多いため、一度みつければ、その次の化石が発見される可能性も高いのだ。

より高度な手法として、あえて「過去に調べた例がない場所」を探る場合もある。こちらは、一定以上の経験が必要だ。なにしろ、何もないところから新たな発見をしようというのである。

化石の探し方はさまざまで、陸でできた地層を調べ、陸上動物の化石を探す場合は、ひたすら丹念に歩き、落ちている化石や、露頭から顔を出している化石の断片などを探す。「眼を皿のようにして」という言葉がふさわしい。

海でできた地層を調べ、化石を探す場合は、目印となるものがある。ホームズが言うところの「見るべきところ」があるわけだ。

それが「ノジュール」だ。

ノジュールは、「コンリーション」とも呼ばれる岩の塊である。形状は、球形や楕円形のものが多い。大きさはさまざまで、ピンポン球サイズのものもあれば、小学校の運動会で使われる〝大玉転がし〟の玉のようなメートルサイズのものもある。地層の中にあるノジュールは、周囲の岩と比べると明らかに異質で見分けやすい。

海棲動物の化石を探すとき、まず探すのは、このノジュールだ。

そしてそのノジュールを掘り出して、ハンマーで割る。

なかなか割れない場合は足でノジュールを踏みつけて固定し、振りかぶるようにハンマーを打ちつける。このとき、自分の足をハンマーで叩かないように注意が必要だ（笑い話のように聞こえるかもしれないが、ありえない話ではないし、もしも叩いてしまったら、最悪の場合、粉砕骨折してしまうので注意）。

経験を積むと、ノジュールの形状や表面を見て、ある程度、その中身に見当をつけられるようになる。すると、ノジュールのどの角

度にハンマーを当てれば、割れやすいかなどが〝見えてくる〟。

上手にノジュールを割ることができたのなら、その中から化石が顔を見せる。たとえば、中生代の海でできた地層ならば、アンモナイトや二枚貝、クビナガリュウ類の骨などが入っているかもしれない。ノジュールの中に入っている化石は、3次元的に残っていることが多い。ノジュールに入っていない化石が地層の重みでぺちゃんこになっていることと対照的だ。

いわば、ノジュールは、化石という宝を内包する「宝箱」なのだ。

実際、地質図という宝の地図を読み、過去

の研究例を調べ、研究仲間と情報を交換し、現場を訪ねて、ノジュールをみつけたときの興奮、それを割るときの高揚感はたまらないものがある。

「癖になる」といえるかもしれない。

そして、苦労して割ったノジュールから化石が顔を出したとき、その高揚感は喜びへと変わる。

「空」は本当に「空」なのか

化石探しの目印ともいえるノジュール。

ノジュールが大きければ大きいほど、その中に入っている化石は大物の可能性がある。そうした大きなノジュールを割るときは、固有名詞（「〇〇大学スペシャル」など）が与えられているような大型のハンマーが必要となる。

もっとも、ノジュールを割れば、必ず化石が入っているというものではない。いわゆる「空（から）の宝箱」も多いのが現実だ。

大きなノジュールであればあるほど、割るために多大な労力と時間を必要とする。

そうして割ったノジュールの中に何の化石も入っていなかったとき、あなたは大きな脱力感に襲われることになるだろう。

そもそも「ノジュール」とは何なのか？

なぜ、化石を内包しているのか？

どうして「空のノジュール」が存在するのか？

実は、ノジュールにもさまざまなタイプがある。成分、つくられ方、内包される化石の残り方など、多様だ。その中のひとつ、２０１５年、炭酸カルシウムを主成分とするノジュールについて、その形成過程に迫る論文が名古屋大学の吉田英一たちによって発表されている。

吉田たちの研究によると、炭酸カルシウムを主成分とするノジュール（論文中では、「コンクリーション」の表記が採用されている）は、動物の軟組織から出てきた成分でつくられるという。

死んで海底に沈んだ動物の軟組織が分解され、そこから染み出た〝成分〟が、地層中に染み込んだ海水の成分と反応し、遺骸を包むように岩が形成される。

そのため、大きな軟組織をもつ動物が死んだときほど、大きなノジュールができる。軟組織が少ない動物の場合、形成される岩が中途半端に終わり、化石全体を内包しないこともある。

ここまで書けば、勘の良い人はお気づきかもしれない。なぜ、「空のノジュール」が存在するのか。

それは、全身軟組織の動物が死ねば、そのからだはすべてノジュール形成に使用されてしまうからだ。

筆者が『化石になりたい』（技術評論社）を執筆する際に吉田に取材したところ、実際、従来は空とみられていたノジュールの化学成分を分析すると、そこには生物起源の炭素が含まれていたという。

……ということは、空のノジュールは、「空」に見えるだけで、そこにはノジュールの材料となった動物の手がかりがある可能性が高いのである。

いずれ、こうした〝空ノジュール〟が将来、分析されることで新たな生命史をひもとく手がかりになる日がくるかもしれない。

第3章 〝岩〟にも手がかりはある

「ぼくはこいつを捜したから、見えたわけです」(銀星号事件／『回想のシャーロック・ホームズ』：創元推理文庫)より。

大型化石と微化石

化石には、2種類ある。

……と聞くと、「動物化石」と「植物化石」だ！ ……と思われるかもしれない。

ちがう……あ、いや、正しいけれども、本章のテーマではない。

本書の少し前の記述を覚えている方は、「体化石」と「生痕化石」だ！ ……と思われるかもしれない。それも正しいけれども、本章のテーマではない。

この章で注目したいのは、「大型化石」と「微化石」だ。

大型化石という文字面から言って、これらを恐竜の化石であるとか、マンモスの化石であるとか、とにかく仰ぎ見るような大型動物の化石をイメージするかもしれない。しかし、そのイメージは誤りだ。

大型化石とは、〝肉眼で見ることができるサイズ〟の化石を指す。したがって、手のひらサイズのアンモナイトや、指の先に乗るような小さな貝の化石も恐竜やマンモスの化石とともに「大型化石」に分類される。

一方の微化石は、〝顕微鏡サイズ〟の化石を指す。肉眼では見えない、もしくは、見えたとしても砂粒とのちがいがわからないような小さな化石だ。この大きさはおよそ1ミリメートル以下（つまり、1ミリメートル以上であれ「大型」化石なのだ）。微化石には微生物の化石などのほかに、花粉や胞子の化石も微化石に分類される。

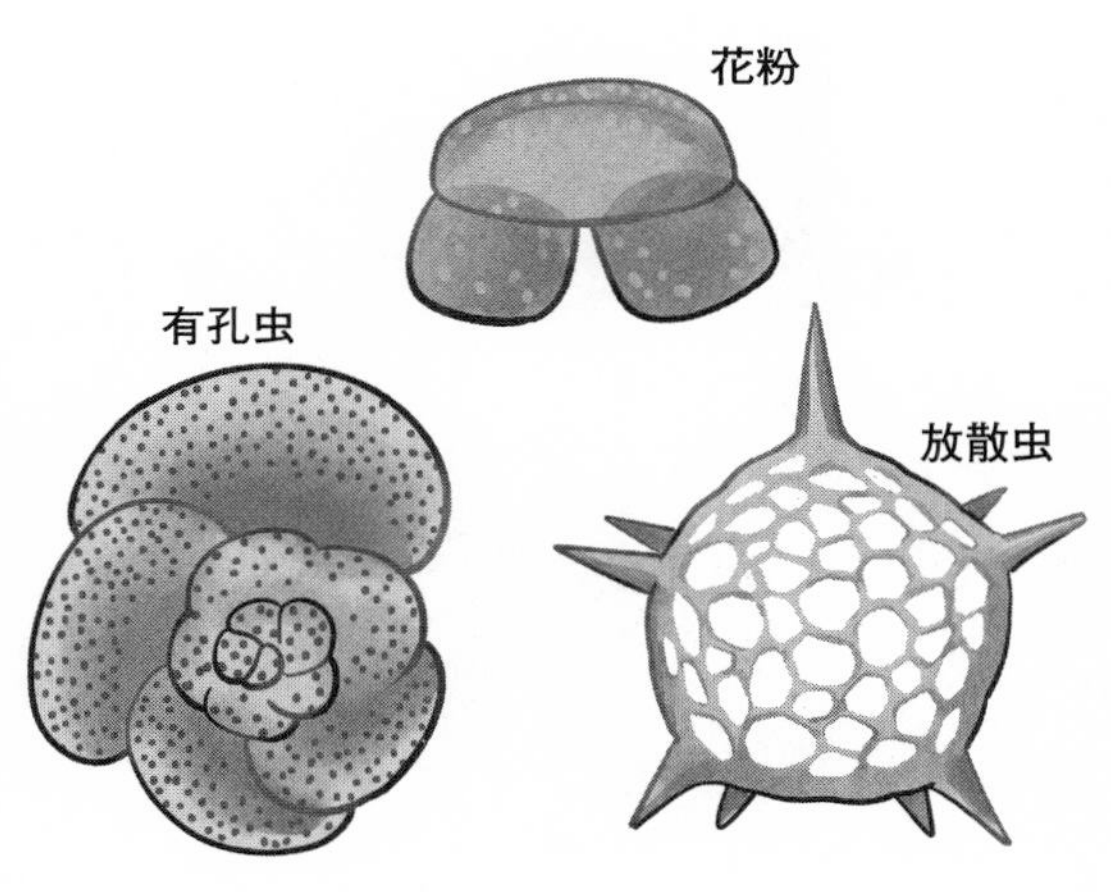

小さな手がかり

微化石は、小さいながらも多くの情報をもっている。たとえば、特定の海域でのみ生息していた微生物の化石が発見されれば、その微化石を含む地層ができた海の環境がわかる。温暖であったのか、寒冷であったのか。そうした情報が手に入る。特定の時代だけに生息していた微生物の化石も多く、そうした微化石をみつけることができれば地層の時代も特定できる（こうした化石がもつ情報については、のちの章で詳しくまとめる）。

こうした情報は大型化石にもある。しかし、微化石はひとかけらの岩石から多くの個体、多くのタネをみつけることができる。種の組み合わせによる時代や環境の細分化や統計的な分析も可能なのだ。

さらに、岩石そのものにも情報がある。その化学成分を分析することで、化石だけではわからないような当時の環境情報なども手に入る。

「古生物の研究」「化石探し」と聞くと、大型化石ばかりが注目されがちだ。しかし、プロの研究者の世界では、微化石や岩石の化学分析も含めた総合的な研究が進められている。

アマチュアの眼には見えていない手がかりが、プロの眼には見えているのである。

新鮮な岩を狙え

大型化石とは異なり、微化石はフィールドで見分けることができない。そのため、基本的に「このあたりにあるだろう」と推測して、岩石を採集することから始まる。

……とはいえ、何の〝手がかり〟もなしに採集場所を決めているわけではない。

まず、微化石が含まれているのは、粒子の細かい岩石だ。泥が固まった岩石に微化石はよく保存されている。細かい粒子の間に、微化石が入り込んでいるのだ。そして、多くの微化石は「新鮮な岩石」からよく採れる。「腐った岩石」からはみつかりにくい。

ん⁇ 岩石に〝鮮度〟があるのか？

そう思われた方もいるだろう。

結論から書いてしまえば、岩石にも鮮度はある。専門家の間では「この岩石は新鮮だ」「フレッシュだ」などといった言葉が飛び交う。

岩石の新鮮さとは何か？

一般に地下にある岩石は新鮮だ（例外もある）。しかし一度地表に露出すると、風雨の影響を受けて、ボロボロに崩れていく。これを専門用語で「風化する」という。

化石採集・岩石採集は、地層が地表に露出している場所（露頭）で行うことが基本であるため、風化していることが多い。

微化石の採集や化学分析に耐えうるような、風化していない「新鮮な岩石」を得るためには、できるだけ風化の影響のない露頭をみつける必要がある。言い換えれば、「最近できたばかりの露頭」だ。風雨の影響をまださほど受けていない場所が必要なのだ。なお、大型化石も同様で、風化が進んだ露頭で発見された場合、その保存状態は良くないことが多い（そのため、化石を発見したら、早期に掘り出す必要がある）。

しかし、そうそう「できたばかりの露頭」があるわけではない。

そこで、微化石採集においては、露頭を掘り起こし、風化の影響が及んでいない奥の岩石を採集することもある。

読者のみなさんはご記憶だろうか。

化石採集において、沢や川を歩くことが多いということを。

沢や川では、水の流れによって、地層が常に削られている。そのため、新鮮な岩石が露出していることが多い。もちろん、水に含まれているさまざまな化学成分が岩石の表層に影響を与えてしまっている。しかし、粒子の細かい岩石でできた地層であれば、水は粒子がみっちりと詰まった深部（内部）まで浸透しない。軽く掘り起こすだけで、濡れていない岩石（新鮮な岩石）を入手できるのだ。ここにも、沢や川が専門家に好まれる理由がある。

物理的に砕き、化学的に砕く

採集した岩石は手のひらサイズに整えて、研究室に持ち帰る。その後、ハンマーで細かく砕く。ある程度細かくなったら、そのあとは化学薬品などを使って岩石をつくる粒子をバラバラにする。そして、細かくしつつ、微化石以外は溶かしてしまう。このときに使う化学薬品は、狙う微化石や微化石を含む岩石の成分によって異なる。塩酸を使ったり、フッ酸を使ったり、石油を使ったりする。化学薬品だけではなく、熱湯を使うこともある。いずれにしろ、それなりに設備の整った実験室で行う。

岩石をつくる粒子をバラバラにしたら、次は顕微鏡を覗き込む。そして、筆を使って、泥や砂などの粒子の中から微化石を拾い出していくのだ。このとき使う筆は、毛先が1本しかない特殊なもの（特殊だけど、自作できる）。微化石によっては、拾い出しができないので、顕微鏡でのぞいたときに、どの場所にその微化石が見えるのかを記録していく（座標が記録できる顕微鏡がある）。

微化石はこの顕微鏡を覗き込む段階にいたってようやく、「みつけた高揚感」に出合うことになる。

大型化石と比べると手間は多い。

しかし、繰り返しになるが、微化石がもつ情報は多く、また、手のひらサイズの岩石であっても、場合によっては数百個以上の標本をみつけることができるため、統計的なデータを取りやすい。それは、大型化石に関する研究を進める場合でも、さまざまな情報を提供する手がかりとなる。

第参部　手がかりは現場にある

第1章　いきなり、掘るな

「かりに水牛の群れを連れて通ったとしても、あんなにめちゃめちゃにはならんだろうがね！　しかし、もちろん君のことだから、こうなる前に見るだけのことは見ているんでしょうな、グレグスン君？」（『緋色の研究』：創元推理文庫）より。

現場の記録が生きる

右の場面では、ホームズが怒っている。

いわゆる「現場の保全」が完全ではなかったためだ。

ホームズは、事件現場に駆けつけると、事件発生時の状態が保たれているかどうかを重視する。それは、事件があった部屋だけではなく、その建物の前の道路状況まで確認する。そこに重要な手がかりがある可能性があるからだ。グレグスン刑事は、事件解決のためにホームズを呼び寄せたが、現場の保全が十分でなかったばかりに、開口いちばん、まず叱られたのである。

化石探しや化石の研究においても同じだ。

「あ、化石だ」

そう思って、すぐに掘り出すのは、〝現場荒らし〟以外の何者でもない。化石を発見したら、掘り出したい気持ちをおさえる。まずすべきはその位置の記録だ。

記憶より記録

手元の地形図でも地質図でも、自作の地図上でも、ＧＰＳ付の端末でも良い。まずは、位置を記録する。

小さな化石だと思っていたら、意外と大きく掘り出すのに時間がかかり、日が暮れてしまうかもしれない。

熊が現れて（接近がわかって）逃げざるを得ないかもしれない。

急な呼び出しの電話がかかってきて、急ぎ帰路につかなければいけないかもしれない。天候の急変、沢や川ならば水量の急増など、兎にも角にも現場を離れざるを得ない状況が、いつ発生するかわからない。

だから、再びやってきたときに、その現場を特定できるように位置を記録する。

「自分は記憶力があるから大丈夫」

そう思う人もいるかもしれないが、それは錯覚というものだ。似たような地形が繰り返し出現するフィールドで、一つの露頭の場所を覚えておくことは簡単ではない。

なによりも、位置の記録は、化石採集後に新たな探求者が現場を調べるときにも必要だ。残念ながら、あなた自身が〝ホームズ〟ではなかったとしても、あなたの発見がきっかけとなり、のちの〝ホームズ〟がさらなる情報を得るために同じ場所を訪ねたくなるかもしれないし、その探求者に技術があれば、もっと多くの情報を集めることができるかもしれない。〝のちのホームズ〟のためにも、位置の記録は欠かせない。

何よりも、古生物学や地質学に限らず、科学の世界では、「記憶」より「記録」なのだ。

観察の肝は「情報の取捨選択」

位置の記録を終えたら、次に行うのは「観察」だ。

化石を掘り出したい気持ちをぐっとおさえ、露頭全体をつぶさに調べていく。

地層の層状構造は確認できるのか。

地層の傾きは確認できるか。確認できたとしたら、それはどの方向に、どのくらいの角度の傾きなのか。

その地層はどのようなサイズの粒子でできているのか。

ここで、装備を確認する。

鞄の中を探ると、カメラがあるはずだ。

そのカメラを使って露頭を撮影する。露頭全体、化石の周辺など、さまざまなアングルで写真を撮る。その際、スケールを入れるのを忘れずに。折り尺など、すぐにサイズがわかるものを写しこんでおくとあとで便利だ。もしも、折り尺を忘れていたら、ハンマーでも良い。露頭全体の写真を撮る場合、ハンマーや折り尺では小さすぎてスケールがわかりづらいというのであれば、ともに調査しているパートナーでも良い（その場合は、そのパートナーの身長を記録しておくことを忘れずに）。

とにかくスケールの挿入は重要だ。

写真を撮影したのちは、今度はフィールドノートにスケッチを描く。こちらも、露頭全体、そして化石の周辺があると良い。

写真があるからスケッチは不要では、と思うかもしれない。

たしかに一定以上の性能があるカメラと撮影技術があれば、写真には細部まで記録される。解像度が高ければ、パソコン上で拡大することも思いのままだ（なお、沢などで撮影する場合、木々が茂っているために意外と暗く手ブレも多い。手ブレを防ぐために感度を上げると、細部がつぶれる。良い写真を撮るためには、良いカメラと高い技術が必要なのだ）。

しかし、だからこそ、スケッチが必要だ。

写真にはすべての情報が記録される。……それ故に、情報が多すぎるのだ。

スケッチでは必要事項に絞って描くことができる。そのため、あとで見返したときに情報が取捨選択されていて、わかりやすい。

露頭全体と化石周辺の観察、撮影、スケッチが終わっても、まだ掘り出してはいけない。

次に露頭全体を見渡して、化石とそう離れていない位置で、露頭の上から下までできるだけ「新鮮な岩石」が露出している部分を探す。同じ露頭でも、風化の進み具合には差があり、場所によっては土壌に覆われている。

そうした情報が欠けている場所をできるだけ除外し、上から下まで一定の幅で細部が観察できる場所を探すのだ。

その幅の地層をつぶさに記録していく。上から下まで一定の幅をもって記録されたその図は、「柱状図」と呼ばれる。文字通り、柱のような図である。地層は板のようなものなので、横方向は比較的一様だ。縦方向には板（地層）が時間とともに重なる。その意味で縦方向の変化はとりわけ重視される。その変化が記録された図が柱状図なのだ。
柱状図はスケッチとは異なり、記号や簡略化した模様を使うことが常だ。たとえば、

泥でできた地層は「横線」の集まり、砂でできた地層は「点々」の集まり、といった具合で凡例も添える。

そして、その柱の脇に気づいたことをメモしていく。もちろん、化石のある場所がその柱のどこに相当するのか、どの高さに相当するのかを記録することも忘れない。柱状図は、その露頭のようすを客観的に語る資料となる。

ここまで記録したら、ようやく掘り出すことができる。ハンマーを使ったり、ツルハシを使ったり。化石を壊さないように慎重に掘っていく。恐竜化石などのオオモノを掘り出すときは、発掘隊を組織し、ドリルや重機を投入することもある。

掘り出す過程で、何か気づいたら、作業を一旦停止して、記録を取る。

撮影、スケッチ、メモ。

現場は大規模に掘れば掘るほど荒らす（荒らされる）ことになる。つまり、〝事件解明〟の手がかりが消えていく。

あとになって「ああ、あの記録があれば、こんなこともわかるのに！」と後悔しないよう、とにかくできる限り多くの情報を記録することが大切なのだ。

第2章　かつてそこは、海か陸か

「この奇妙な赤色の土は、ぼくの知るかぎり、この近所ではほかに見られない」(『四人の署名』:創元推理文庫)より。

粒子のサイズに注目する

ホームズはロンドン市内でついた土に関しては、その土がどこでついたのかがわかるという。その能力については、第1作にあたる『緋色の研究』でワトソンがホームズを分析した際に、「地質学の知識—実用的、ただし限界がある。一見によって、各種の土壌を識別する。散歩から帰って、ズボンについたはねを見せ、その色と固さからロンドンのどの方向でついた土であるかを示したことがある」とまとめているほどだ。

ホームズはこうした知識をもとに、推理を働かせ、さまざまな謎を解いていく。

そんなホームズのように、露頭を観察すれば、かつてその場所がどこにあったのかを推理することができる。

陸か、海か。

陸ならば、内陸か　それとも、河口なのか。

海ならば、沿岸の近くだったのか、それとも遠洋だったのか。

それは化石となった古生物が、どのような場所に生きていたのかを推理する重要な手がかりになる。

注目すべきは、地層をつくる粒子のサイズだ。

数十センチメートル、数メートルといった大きな岩石が入っている場合は内陸で、肉眼で見ても粒のサイズがわからないほど小さければ、それは遠洋となる。

そもそも化石を含む地層は、「堆積岩」と呼ばれる岩石で構成されていることが多い。堆積岩は、文字通り「堆積物」によってできる岩石である。

では、堆積物とは何か？

それは「礫」「砂」「泥」といったものを指す。

内陸のさまざまな地形が、地殻変動や風雨などによって崩される。こうして生まれた大型の岩石が「礫」だ。ヒトが乗ることができるような巨大なものがあれば、手荷物サイズのものもある。一般に「石」と呼ばれているものは、ほぼそのまま「礫」と言い換えても、まず間違いないだろう。

礫と砂と泥と

定義上では、粒の大きさが2ミリメートル以上のものが「礫」と呼ばれる。2ミリメートル未満16分の1ミリメートル（63マイクロメートル）以上が「砂」、16分の1ミリメートル未満のものが「泥」だ。

礫はできたばかりのもの、つまり、崩れたばかりのものが大きい。これが、川で流されていくうちに砕かれ、しだいに細かくなっていく。礫から砂へ、砂から泥へと粒が小さくなっていくわけだ。

私たちが海水浴を行う砂浜（ただし、自然のもの）が一つの基準となるかもしれない。自然にできた砂浜の砂のサイズ。それが、およそ陸と海の境界になる。さらに細かな粒子であれば、細かければ細かいほど、その地層が沖合でたまったことを意味している。ちなみに、そんな沖合でたまった地層が、なぜ陸の露頭で確認できるのかといえば、それは、地球の表層が動いているからだ。

地球の表層は、十数枚の大きな岩の板で覆われている。すべての地層は、この板の上でつくられている。この岩の板は「プレート」と呼ばれ、地球表層をゆっくりと動く。この十数枚のプレートのそれぞれの動く方向は一定ではなく、ときに衝突し、ときにすれちがい、ときに互いに離れていく。プレートの移動にともなって、かつて遠洋でつくられた地層であっても、現在の陸地の近くに運ばれたり、プレートが衝突した結果として地上に顔を出す。また、プレートに関連した地殻変動によって、地層が隆起することもある。

そして、私たちの眼前に出現するのである。

また、地球の海水面の高さも一定ではなく、上下に大きく変動する。たとえば、いわ

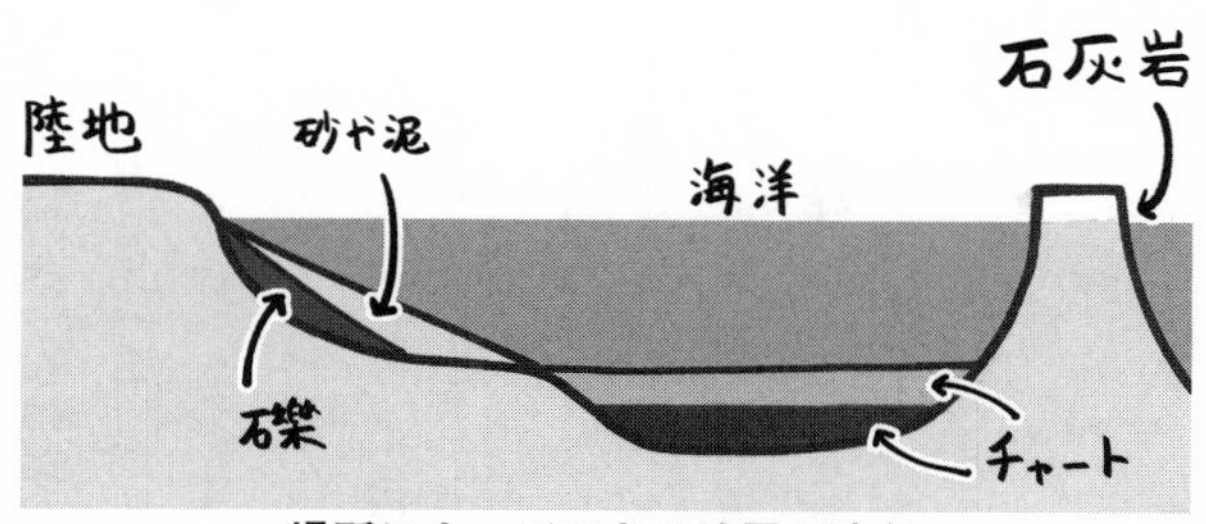

場所によってできる地層が違う

ゆる縄文時代は海水面が高く、関東地方の大部分は海の底だった。このとき、海岸は北関東の奥へと下がっていた。すると、埼玉県の川越や栃木県の小山が海岸付近だった。東京都北部のように現在は内陸の場所でも、当時は相対的に沖合だったことになる。地層をつくる粒子のサイズに注目することで、こうした海水面の高さの変化にせまることもできる。

生物がつくる地層が水深を語る

日本で見ることができる地層の中には、「石灰岩」や「チャート」と呼ばれる岩石でできているものも多い。

石灰岩は白色系の岩石が主体で、ときに灰色や茶色などの色の濃いものがある。一方のチャートは、赤色や緑色などさまざまだ。ちなみにこの両者を比べると、チャートの方が圧倒的に硬い。

こうした岩石を見分けるには一定程度の経験が必要だけれども、見分けられるようになると手に入る情報が格段に増える。

どちらの岩石も「生物岩」と呼ばれ、その起源が文字通り生物にあるからだ。

石灰岩の起源は、主にサンゴにある。サンゴなどが死んで、固まったものが石灰岩なのだ。したがって、石灰岩をよく調べると、サンゴをはじめとするさまざまな生物の化石を確認することができる。

サンゴは暖かく浅い海でできる。つまり、石灰岩でできた地層は、かつてそこが暖かく浅い海だったことを物語っている。たとえば、石灰岩の中にアンモナイトなどの化石が入っている場合、そのアンモナイトは暖かく浅い海を生きていた可能性が高いことが示唆されるわけだ。

一方のチャートは、「放散虫」と呼ばれる海の微生物の化石が集まってできている。チャートができるためには一定以上の水深が必要とされている。すなわち、チャートでできた地層があるということは、その場所がかつて深海の底だったことを意味している。

こうして岩石の起源を追いかけることで、露頭のある場所の歴史を追いかけることもできる。

地域に特有の地質

地層の中には、地域に特有のものもある。日本でいえば、たとえば、関東ローム層や鹿児島の白い地層だ。

関東平野では、少し掘り進むと赤い地層が顔を見せる。「赤土」と呼ばれるこの地層が「関東ローム層」。富士山をはじめとする火山から飛んできた火山灰が溜まってできたものだ。

関東平野は、南西に富士山や愛鷹火山、箱根火山、北西に浅間山や榛名山、赤城山などの火山がある。こうした火山から噴き出た火山灰が風に乗って広範囲に降り積もり、関東ローム層をつくっている。なお、一言に「火山灰」といっても、火山ごとにその成分が異なるため、しっかりと分析すれば、どの火山の噴火によってできた赤土なのかを特定することもできる。

鹿児島県の土地の大部分では、掘り込むと「白い地層」が見える。これもまた火山灰が溜まったものだ。九州南部には、桜島や霧島といった火山があり、かつてはもっと巨大な火山があったこともわかっている。

こうした火山から噴出した火山灰がたまってできた地層が、鹿児島県の「白い地層」だ。この地層によってつくられた鹿児島県の地形は、「シラス台地」と呼ばれている。「シラス」には「白い砂」という意味がある。白い地層の厚みは、場所によっては150メートルに達する。

こうした地域特有の地層も、露頭で確認すれば、大きな手がかりとなるだろう。火山が噴火した証拠だからだ。仮にこうした火山が現在は活動的ではなくても、かつては活動していた証拠になる。古い時代の地層であれば、火山そのものは消えているかもしれない。それでも、火山灰の地層があれば、かつて火山があったという証拠になるのだ。

火山灰でできた地層には、さらなる有効な利用法もある。その利用法に関しては、のちの章で詳しく解説する。

第3章　上流か下流か——水はどこから流れて来たか

「見るのはあなたと同じですが、ただ、見たものに注意するという訓練を積んでいるだけです」（白面の兵士／『シャーロック・ホームズの事件簿』：創元推理文庫）より。

礫が語る

露頭を見る。そこにある地層には、礫が入っている。礫の存在に気づいたら、サイズの次に確認すべきは、その「形」だ。

その礫は、どのような形をしているだろうか？

触れると怪我をするように、やたらと角ばっているか？

それとも、少し丸みがあるだろうか？

あるいは、いわゆる「水切り遊び」で使うように、平たいだろうか？

礫の形は、その地層が陸域のどの場所にあったのかを探る手がかりとなる。

前章で次のように書いた。


礫はできたばかりのもの、つまり、崩れたばかりのものが大きい。これが、川で流されていくうちに砕かれ、しだいに細かくなっていく。礫から砂へ、砂から泥へと粒が小さくなっていくわけだ。


移動にともなう礫の変化は、サイズだけではない。実は形も変化する。

たとえば、〝できたて〟の礫は、角ばっている。もともと地層に何らかの理由で割れ目が生じ、そこから崩れて礫が生まれる。この割れ目は直線であることがほとんどで、その線がそのまま礫の形に反映される。

水流で運ばれ、川底や他の礫とぶつかるうちに、しだいに角がとれる。その結果、形状は丸みを帯びていく。

下流域にたどり着いた礫は、こんどは波によって揺り動かされる。そして、しだいに平たくなっていくのだ。

つまり、礫の形状は、サイズと同様に「かつてその場所が陸域のどこに（どのくらい内陸にあったのか）」を知る手がかりになる。角ばった礫ばかりが入っていれば、その場所はかつて内陸の上流域だった可能性が高く、丸みを帯びていれば中流域から下流域、さらに平たくなっていれば、下流域となる。

上流と下流では、景色も植生も異なる。これを実感するには、どこか適当な河川で実際に確認してみるといい。上流から下流へ。あるいは下流から上流へ。同じ川とは思えないほど、川幅も、まわりの景色も変化する。古生物が生きていた情景を推理するためには、「どのくらい内陸だったのか」を示唆する礫の分析はとても重要なのだ。

ただし、すべての礫が同じ硬さというわけではない。

礫は、もともと砂や泥だったものが固まってできたものや、溶岩が固まってできたものなどがある。

こうした礫の種類は、かつての上流のようすを知る手がかりだ。たとえば、溶岩がかたまってできた礫があれば、それは上流に火山があった可能性があることになる。

川を流れ、転がって来た礫は、当然のことながらどこかで停止する。このとき、礫の停止の仕方に規則性ができる場合がある。

川を流れてきた一つの礫が何らかの理由で止まったとき、次に流れてきた礫が、最初の礫にひっかかることがある。そして、その次に流れてきた礫は、最初の礫にひっかかった礫にひっかかる。そして、その次の礫は、最初の礫にひっかかった礫にひっかかった礫にひっかかる……。そうやって、次々と礫が重なっていく。

このとき、水流が効果的に流れるように並ぶ。先にやってきた礫ほど下になり、後にやってきた礫はその上に少しだけ斜めに重なる。イメージとしては、住宅の屋根によくある瓦の並びに近い。

この並び方が確認できたらしめたもの。新しい礫ほど上に重なっているということは、新しい礫がある方向が、かつての川の上流方向であることを物語っている。

砂が語る

砂が波打った模様をつくっていることがある。まるで、漣のようなその模様は、そのまま「漣痕」と呼ばれる。英語では「ripple mark」。こちらで呼ばれることも多い。漣痕は、水の流れがつくる微小な地形だ。漣痕もまた、水流の方向を推測することに役立つ。

漣痕の形状が非対称だった場合、その微小地形の角度が緩い方が上流となる。もともと、非対称の漣痕は、上流から流れてきた砂が少しずつ積み重なったもの。下流ほど高い坂となる。そして、下流側の角度が急になる。

漣痕が対称だった場合は、そこがかつて波打ち際だったことを意味している。行っては返す波が同じように砂を寄せるため、微小地形は対称的なものとなる。

漣痕は、砂の大きさや水流の強さ、さまざまな要因で形が変わる。一つ一つ、なぜ、どうして、このような地形になったのかを考えれば、そこから水流の方向を紐解くことにつながる。

礫のサイズや漣痕を読み解くことで、その地層ができたときの周囲の地形が蘇ってくるのだ。

第4章　上は本当に「上」なのか

「ぼくの推理は、まるで単純そのものだ」（金ぶちの鼻眼鏡／『シャーロック・ホームズの生還』：創元推理文庫）より。

古いものが下へ

露頭観察におけるとても重要なことの一つが、「上下の判定」だ。今、見ているその露頭は、上と下のどちらが古いのか、ということである。

地質学や古生物学は、「法則」と呼ばれるものが少ない分野だ。

それでも、高校の授業で「これは試験に出るぞ」と言われるような重要な法則がいくつか存在する。

その中の一つが「地層累重の法則」だ。

累重の法則……なんて、仰々しい名前が付いているけれども、この法則は極めてシンプルな内容である。それは、「重なりあう二つの地層は、下にある地層の方が、上にある地層よりも古い」ということを指している。

つまり、地層は下から順に積み重なっていく、ということだ。

常識的に考えて、「上から溜まる」という現象なんて、重力が逆転でもしない限りありえないだろう。こんな当たり前でシンプルなことが「法則」なんて名付けられている。

……でも、高校地学では本当にこの法則名が、〝試験に出る〟。つまり、重要なのだ。

さて、この法則にのっとれば、露頭において観察される地層は、下ほど古いはずだ。したがって、露頭の下で発見された化石と上で発見された化石では、下の方が古い時代のもので、上の方が新しいことになる。こうした〝新旧の情報〟は、古生物の進化を推理するために欠かせない。

今、露頭の下の方でAという種の生物の化石があり、露頭の上の方でBという化石を発見した。ともに、同じ系統で特徴も似通っている。……であるのならば、この系統においては、ＡからＢへ進化した可能性がある。あるいは、Ｂの登場でＡが駆逐され、滅ぼされた可能性がある、などといった具合の推理が展開される。

ただし、現実世界の露頭では、必ずしも「下が古く、上が新しい」とは言い切れない。長年にわたる地殻変動によって、地層は傾き、ときに垂直になり、ときに上下逆転しているからだ。断層で大きくずれている場合だってある。

そこで、地層の「上下判定」が重要となってくる。この判定を誤ると、ＡとＢの関係も見誤ってしまう。「ＡからＢへ進化した」「ＢがＡを駆逐した」と「ＢからＡへ進化した」「ＡがＢを駆逐した」では、推理が真逆だ。刑事事件で、加害者と被害者を取り違えてしまうほどの大問題である。

重いものが下へ

地層の上下判定をするには、さまざまな手がかりがある。

典型的な手がかりは、粒子のサイズだ。

細かい粒子ほど上になる

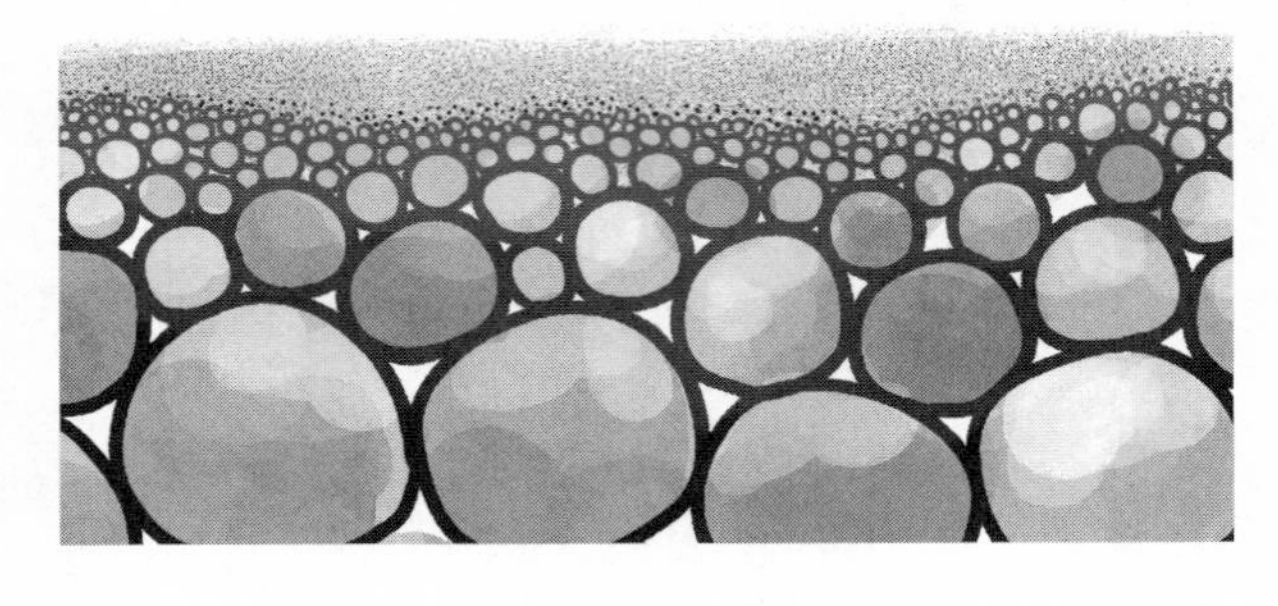

第2章で「細かな粒子ほど遠洋へ届く」と紹介したことをご記憶だろうか。礫、砂、泥と粒子が小さくなればなるほど、遠洋に運ばれて地層をつくる。つまり、礫岩層は内陸などでできたもの、砂岩層は河口近くや海岸付近でできたもの、泥岩層は遠洋でできたもの、といった具合に、地層の粒子の大きさで距離感がわかる（もちろん、実際にはもう少し複雑だ）。

そうしてできた地層に注目すると、地層の内部でも粒子の大きさに傾向がある場合がある。たとえば、礫岩層では礫のサイズが入り乱れているのではなく、大サイズから小サイズへ、あるいは、小サイズから大サイズへという傾向が見て取れる場合がある。

この「地層内における粒子のサイズの傾向」が、

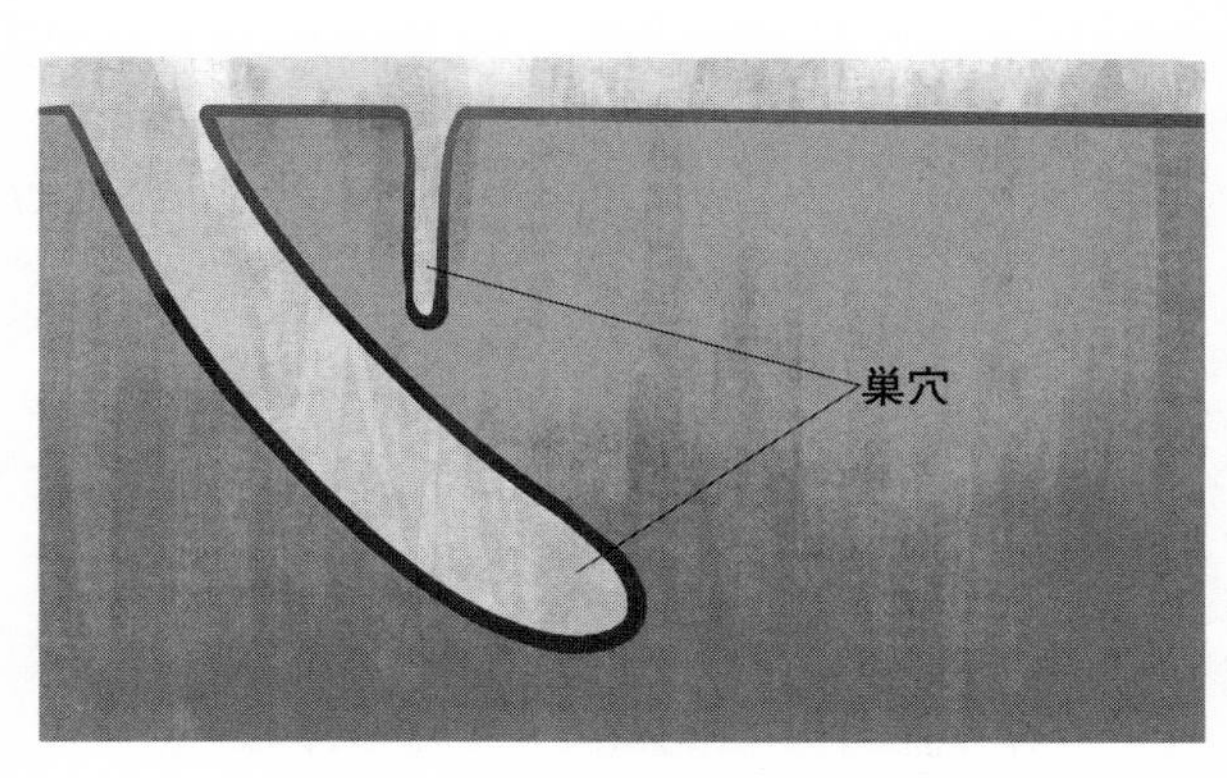

上下判定の手がかりとなる。

すなわち、大きい粒子が下で、小さい粒子が上だ。

これもまたシンプルな理屈である。水の中にある粒子は、大きくて重い方が早く沈む。だから、まずは大サイズ、次に中サイズ、そして小サイズといった具合に粒子のサイズが変わっていく。

前章で紹介した漣痕も、実は上下判定の手がかりとなる。漣痕は、水の流れで砂が運ばれ、積もり、下流ほど高くなり、そして、ある程度積もったところで崩れる。

……ということは、この積もったところの断面は、上に凸の形を示すことになる。この凸状の構造を確認できれば、地層の上下がわかるわけだ。

そのほかにも、生痕化石が手がかりとなる場合もである。

生痕化石とは、古生物の本体ではなく、「生きた痕跡」だ。巣穴や足跡、糞といったものが地層に残っている。

このうち、巣穴の化石をみつけたらしめたものだ。多くの場合、巣穴は水底から下方に向かって掘られる。水底付近に暮らす動物が、水底に溜まった地層を掘り、その先へと生活圏を広げていくのである。

……ということは、巣穴構造は地層の上面から下へ向かって伸びる。このとき、巣穴に詰まっている粒子は、巣穴のまわりにある地層とは異なるはずだ。巣穴をつくっていた生物が死に絶え、上から新たな地層が積もったとき、その新たな地層をつくる粒子が巣穴にも入り込んだものだからだ。

つまり、露頭にある地層の断面を見ると、地層と地層の境界からどちらか一方へと他方の地層がニョキニョキと伸びているように見える。このとき、「ニョキニョキされている方」が下である。

さあ、いかがだろう？

言われてみれば、〝単純なこと〟ばかりではないだろうか？
こうした〝単純なこと〟が、実はとても重要なのである。

第5章　あそこのアイツは同時代なのか

「あたえられた多くの事実から、本質的と思われるものを抜き出し、それを正しくつなぎ合わせて、出来事のおどろくべき連鎖を再構成することが必要でした」（海軍条約事件／『シャーロック・ホームズの生還』：創元推理文庫）より。

〝見える時間〟は短い

露頭を観察することで多くの情報が手に入る。

化石となった古生物が生きていた時代の環境。そして、その古生物の〝栄枯盛衰〟の歴史と進化。すべての推理の始まりは、徹底した露頭の観察がスタートだ。

しかし、一つの露頭では含まれている情報に限界がある。とくに時間的な情報には大きな制約があるといえる。

なにしろ、地球が誕生してから現在までに46億年もの歳月が経過している。化石が豊富に残るようになってからでも約5億4100万年の歳月が経った。46億年間はもとより、5億4100万年もの期間が欠けることなくしっかりと残された露頭は存在しない。5億4100万年間どころではない。

たとえば、よく知られる地質時代の一つ、「白亜紀」には、約7900万年間の歴史がある。「白亜紀」といえば、恐竜の最盛期だ。もしも、この白亜紀のすべての期間が記録された露頭があれば、恐竜の進化史の解明に大いに役立つことだろう。

しかし、そんな露頭はない。

約5億4100万年前以降の地球史において、研究者は12の「紀」を設定してきた。このうち、最も短い「紀」は、「第四紀」である。新生代の最後の時代で、約258万年前から現在（より正確に書けば、歴史時代が始まる前まで）を指す。第四紀は、地球が繰り返し冷え込んだ氷河時代であり、ケナガマンモスをはじめとする大型の哺乳類が繁栄し、滅んだ時代であり、そして、人類の繁栄の基礎が構築された重要な時代である。

この第四紀の約258万年間がまるごと記録された露頭があれば、地球史や哺乳類史、初期人類史にかかわる多くの謎を明らかにするだろう。

しかし、そんな〝たった約258万年間〟でさえも、すべてが記録された露頭はないのだ。

つなぎあわせて、歴史を読む

一つの露頭で確認できる情報が少ないのなら、複数の露頭の情報をつなぎ合わせれば良い。

たとえば、ある地域にある露頭Aには、約3万年前から約5万年前にできた地層が堆積していたとする。別の地域にある露頭Bには、約4万年前から約6万年前にできた地層がある。また別の地域の露頭Cには、約5万5000年前から約7万5000年前にできた地層がある。

この場合、一つの露頭で確認できるのは、いずれも約2万年間にすぎない。

しかし、露頭Aと露頭Bは、約4万年前から約5万年前の部分が重複している。言い換えれば、露頭Aと露頭Bには同時代にできた地層が存在する。この同時代の部分を基準にして露頭Aと露頭Bの情報をつなぎあわせれば、約3万年前から約6万年前までの約3万年間の歴史を紐解くことができる。

露頭Bと露頭Cは、約5万5000年前から約6万年前を基準にすれば、情報の統合が可能だ。この二つの露頭の情報をまとめれば、約4万年前から約7万年前の歴史が手に入る。

露頭Aと露頭Cを直接比べたときは両者には約5000万年間のギャップがあり、情報をまとめることはできない。しかし、露頭Aと露頭Cのそれぞれと統合できる露頭Bを介在させることで、露頭Aと露頭Cもあわせ、約3万年前から約7万5000年前の歴史を読み解くことができる。

こうして各地に点在する露頭をつなぎあわせることで、長い地球の歴史にせまっていく。離れた場所に地層を比較することを地質学では「対比」と呼ぶ。

そして、このとき使われる記録が「柱状図」だ。第1章で紹介した露頭の特徴を記した柱のような図である。研究者たちは、各地の柱状図を並べ、対比を行ってつなぎあわせてさまざまな推理を進めていくのである。

重宝される火山灰の地層

柱状図を使い、各地の露頭を対比させ、つなぎ合わせれば、長期間の歴史情報が手に入る。

ただし、ここに問題がある。

どうやって各地の露頭をつなぎ合わせれば良いのか、ということだ。

先ほどの例では、具体的な年代の数字があった。だから、その年代値を基準として、三つの露頭の情報をつなぎあわせることができた。

しかし、当然のことながら、実際の露頭にそんな年代値が書かれているわけではない。

それが〝リアル〟というものである。

だから、露頭の地層をよく観察する。

これが厄介だ。

露頭Aには砂岩があったとしよう。露頭Bにも砂岩がある。

「やった！　砂岩層が同じだ。これで対比ができる」

それは早計というものだ。露頭Aの砂岩層と露頭Bの砂岩層、その砂岩層がどうして「同じ地層」であるといえるのだろうか。

砂岩層はある意味で〝どこにでもある地層〟だ。仮に色や粒子のサイズ、硬さなどがいくら似通っていても、離れた露頭にある砂岩層が同一の地層とは限らない。露頭によっては、砂岩層は何枚も含まれており、その何番目の層が離れた露頭に唯一見える砂岩層と同じであるかも不明だ。砂岩層だけではなく、礫岩層や泥岩層など、他の地層についても同じことがいえる。よほどのことがない限り、離れた露頭で確認できるこれらの地層が、「互いに同じ地層である」と証明するのは困難だ。

しかも地層には地域性が強いものもある。露頭Aのある地域で堆積した地層が、露頭Bの地域にもあるとは限らない。たとえば、河口域でたまる砂岩層は、その河口域では共通して存在するけれども、その河口から離れてしまえば、存在しない。

離れた地域の露頭をつなぎあわせるには、どうすれば良いのだろう？

ここでちょっと視点を変えてみよう。

離れた地域の露頭にある地層が「同じ地層である」ということは、それは「同じ時期に堆積したものである」と証明できれば良い。そして、その地層は広い範囲に堆積していることが望ましい。広範囲の地層であればあるほど、多くの露頭で確認することができるからだ。

つまり、同じ時期に、広範囲にわたって堆積する地層。それを探すのだ。

典型的な地層は、火山灰の地層である。ごく当たり前のことだけれども、火山灰は火山から噴出されるものだ。火山が噴火すると、大量の火山灰が空気中にばらまかれる。

そして風に乗って広範囲に拡散し、そしてやがて堆積する。

火山の噴火がどんなに長くても、地球の歴史からみれば一瞬にすぎない。そんな一瞬に溜まった地層なのだから、これはもう「ほぼ同時」と言っても差し支えないだろう。すなわち、火山灰層は、「同じ時期に、広範囲にわたって堆積したもの」という条件をクリアする。

ありがたいことに火山灰の成分は火山ごとに異なる。さらに、火山灰の中に含まれている〝化学成分〟を調べることで、「〇年前に噴火したもの」と特定することもできる。火山灰層は極めて優秀なのだ。したがって、研究者は野外において火山灰層を追い求めることになる。

もちろん、地層の同時性が確認できれば「そのとき、そこで何があったのか」という空間的な推理の展開にもつながっていく。たとえばある時期に一斉に各地で古生物が絶滅していれば「大量絶滅事件」があったことになる。「対比」は時間的にも、空間的にも、過去の地球を知る重要な手がかりなのだ。

こうした対比に有効な地層は、「鍵層」と呼ばれる。文字通り、露頭をつなぎ地球史を編む鍵となる地層だ。

第6章　地層に数字は書かれていない

「ここでわれわれは、殺人はじっさいに何時におこったのかとたずねてみる必要がある。(中略)。それがわれわれの直面している問題で、その答えが出れば、問題の解決に近づいたことになるのだ」(『恐怖の谷』：創元推理文庫)より。

「○万年前」というけれど……

たとえば新聞記事に、ある古生物が生きていた時期について「約7000万年前～約6600万年前」と書かれていたとする。この数字だけを見ると、「ああ、7000万年前から400万年間も種が存続したのか」と思うかもしれない。

しかし、ここで注意する必要がある。

化石に「この動物は約7000万年前～約6600万年前に生きていました」と書い

てあるわけではないということだ。

化石が含まれていた地層に「約7000万年前~約6600万年前」と書いてあるわけでもない。

化石とその地層を調べるだけでは、「約7000万年前~約6600万年前」という手がかりはまったく手に入らないのだ。

そもそも「〇年前」という情報の入手は、非常に困難だ。日本史や世界史のように、歴史書や古文書の年表があるわけではない。

地層を調べ、それがいったい何年前につくられたのかを知る方法は限られている。

一つには、「年縞」というものがある。長い年月が経過しても周辺環境がさほど変化せず、しずしずと溜まっていく地層があれば、そこに1年ごとの縞模様ができる場合がある。たとえば、福井県にある水月湖には、7万年以上もの間、途絶えることなく堆積物がたまっている。この湖では、春から秋にかけては土やプランクトンの死骸などがたまり、暗い地層がつくられる。秋から冬にかけては大陸からやってくる黄砂などがたまって、明るい地層がつくられる。そのため、暗い地層と明るい地層が1年をかけて交互につくられていく。これが「年縞」だ。水月湖の年縞は、湖底をボーリング掘削することで入手できる。中空のパイプを打ち込んで、湖底下の地層をくり抜くのである。そして、年縞をいちばん上から数えていけば、何枚目の地層にあたるかによって、その地層がつくられた時期がわかる。

年代値を知る方法として、生物に含まれる炭素の放射性同位体に注目する方法がある。「炭素14」と呼ばれるこの放射性同位体は、生物が生きているうちは、何の変化もない（より正確にいえば「変化がないように見える」）。しかし、死ぬと少しずつ窒素の同位体に変化するという性質がある。この変化の割合は一定で、約５７００年経過するともともとあった炭素14の量が半分になることが知られている。

つまり、化石の中に含まれる炭素14を調べ、その残量を知ることで、生物が死んでからの年数がわかる。

しかし、約５７００年で半減するということは、約１万１４００年で4分の１になるということだ。約１万７１００年後には8分の１に、約２万２８００年で16分の１になる。……あっという間に残量は少なくなって、測定できなくなってしまう。あまり古い化石の年代値測定には使うことができない。

そこで、火山灰や溶岩が注目される。火山灰や溶岩に含まれる元素には、半減にかかる期間が億年単位のものもある。残量を測定しやすく、年代値を出しやすい。

そのため、フィールドでは火山灰層を探し、対比によってそのデータを統合して、目的の化石を〝挟み込んで〟年代値を出す。

火山灰層は鍵層であると同時に、年代値を知るための重要な手がかりでもあるのだ。

たとえば、化石がみつかった地層の上に、約６６００万年前に降った火山灰の地層があり、化石がみつかった地層の下に約７０００万年前に降った火山灰の地層があったとする。すると、この古生物は、約７０００万年前から約６６００万年前のどこかに生きていた、ということになる。それは、６９００万年前かもしれないし、６６５０万年前

かもしれない。しかし、そこまではわからない。厳密に生きていた時代を絞り込むことは困難なのだ。

なお、こうした数値は「測定」によって算出しているので、測定の手法や機器の進歩によって更新されていく。

〝短く〟、そして、〝広く〟生きたもの

火山灰層はそう頻繁にみつかるわけではない。火山の噴火は、規則的なものもあれば不規則のものもあり、また、広範囲に火山灰を降らせるからといって、地球上にくまなく火山があるわけではない。

そこで、離れた露頭に堆積した地層が同時期なのかを確認する際に、火山灰層以外に、化石そのものが使われることがある。

特定の時代を示す性能をもつ化石。その化石を「示準化石」という。

示準化石は、火山灰層のように「〇年前」という年代値をもつわけではない。しかし、

「この化石が入っている地層は、〇〇紀のいつごろ」と時代を特定することができる。

示準化石となる古生物は、種としての生存期間が短命であり、そして広範囲に分布していた方が望ましい。火山灰層とほぼ同じ条件が求められるわけだ。ちなみに、種としての生存期間が短命であるということは、短期間で絶滅したか、あるいは、短期間に進化して別種になったかを示唆している。

いわゆる〝学校の教科書の知識〟でいうところの代表的な示準化石として「古生代は三葉虫」「中生代はアンモナイトと恐竜」「新生代は哺乳類」を挙げることができる。この見解は概ね間違っていないけれども、実際には役に立たない。古生代は約2億8900万年間もあり、三葉虫類の化石はそのほぼ全期間で産出する。中生代も約7900万年間ある。恐竜類は登場したのは中生代だけれども、現在でも「鳥類」という生き残りがいる。哺乳類も中生代にはすでに登場し、多様化を遂げていたことがわかっている。

いずれも、〝教科書の知識〟としては十分かもしれない。しかし、実用的ではない。期間が長すぎる。これでは「いつ」を絞り込むことができない。

もっと時代を絞り込む

示準化石に使われる古生物は、海洋棲の生物であることが多い。とくに海流に乗って広く拡散するものだ。

筆者が大学・大学院で研究していた「イノセラムス」という二枚貝のグループは、幼生時に海流に乗って広範囲に広がり、また種としての生存期間が短いため、このグループが白亜紀の示準化石として重宝されている。とくに白亜紀後期の約３４００万年間に10種以上が示準化石として設定できることが多くの人々による長年の研究によって知られている。

たとえば、「イノセラムス・アマクセエンシス（*Inoceramus amakusensis*）」という化石を見つけることができれば、その地層は白亜紀後期の中に設定された六つの時代の一つ、チューロニアンの地層であるとわかる。絶対年代でいえば、チューロニアンは約９３９０万年前〜約８９８０万年前にあたる。かなり時期を絞り込むことができているといえよう。

同じ中生代の示準化石として、アンモナイト類も優秀だ。アンモナイト類も特定の種をみつけることで、イノセラムス類同様に地層の時代を特定することができる。そもそも、特定のアンモナイトによって定義されている時代さえある。

海棲動物の微化石にも優秀な示準化石が多い。なにしろ、彼らはプランクトン。生きていたときは、ぷかぷかと浮いて、世界中に拡散している。微化石の分析が重視される理由はここにもある。

こうして複数のグループの示準化石を組み合わせれば、もっと時代を絞り込むことも可能だ。たとえば、示準化石Aが白亜紀後期のチューロニアンの前半を示し、示準化石Bがチューロニアン後半を示すとしよう。一つの地層からAとBの化石をともにみつけることができたのなら、その地層はチューロニアンの半ばである可能性が極めて高いことになるのだ。

陸においては、海棲動物ほどの分布域をもつ種は多くない。山や谷などの地理的な障害が、陸棲動物の分布域を狭めている。それでも、風に乗って広く拡散する花粉や胞子は、分布域という面では示準化石としての条件をクリアする。しかし、「種としての生存期間が短い」という条件については、海棲動物ほどのものはのぞめない。

古生物において圧倒的な人気を誇る恐竜について、進化などが謎に満ちている理由の一つがここにある。陸棲動物である彼らの化石は、海棲動物ほどに「いつ」が特定できていないのだ。

もっとも、2019年に報告された北海道のカムイサウルス（*Kamuysaurus*）のような例もある。この恐竜は、海に流されてきて海底に沈み、海でできた地層からその化石が発見された。そのため、海棲動物の示準化石を使った時代決定がなされている。カムイサウルスが世界の研究者から注目される理由の一つだ。

複数の示準化石を組み合わせることで、その化石が「いつ」のものなのかを特定していく。〝犯行時刻〟の絞り込みは、推理の基本といえる。

第7章　〝乱れ〟はないか？

「まあ、行動の出発点になるべき暗示的な事実は多少ある」（六つのナポレオン胸像／『シャーロック・ホームズの生還』：創元推理文庫）より。

どこで死んだのか、それが問題だ

化石が埋まっている状況を調べる。

たとえば、複数の化石が確認できるとして、その埋まり方に規則性は確認できるだろうか？

あるものは横転し、あるものは反転し、あるものは砕けている。そんな状態ではないだろうか？

こうした〝乱れ〟は、推理の出発点になる。

この化石となった古生物が、「どこで死んだのか」という推理だ。

化石の埋没状態に〝乱れ〟がある場合、死んだ場所は化石が発見された場所と離れている可能性が高い。つまり、死後に運搬され、その場所まで運ばれて埋没したことになる。あるいは、運搬されているその先で死亡し、埋没された可能性もある。いずれの場合でも運搬中に遺骸が破損し、そして、沈む過程でいろいろな姿勢になったというわけだ。

死後の遺骸の運搬は、水の流れによってもたらされることが大半だ。動物が運ぶこともあるが、その場合は食すことを目的としているため、そもそも遺骸が化石として残りにくい。

水流は、ときに広範囲に、ときに荒々しく遺骸を運ぶ。

たとえば、陸上の脊椎動物の化石が、ある場所に密集していることがある。「ボーン・ベッド（骨密集層）」と呼ばれるそれは、洪水などが発生し、流域の動物を巻き込んで運び込んだ結果として、つくられた可能性が高い。洪水が多くの動物を殺し、運び、傷つけ、バラバラにし、そして密集して1カ所に集めたのだ。

たとえば、「バージェス頁岩」と呼ばれるカナダの地層では、発見される海棲動物の化石がさまざまな姿勢をとっていることで知られる。地層面に対して背を向けているものもあれば、腹を向けているものもあり、横転しているものもある。これは、浅海域の海底にあった崖が突如崩壊し、その結果として発生した乱泥流が動物たちを巻き込んで運んだ結果とみられている。

こうして運ばれた化石は、「異地性の化石」あるいは「他生の化石」と呼ばれる。異地性の化石は、「遺骸を運ぶ何らかの現象」があったことを物語る。そこで、推理は「その現象は何だったのか?」と展開していく。研究者は、「どこから運ばれたのか」に関して、付近に同時期にできた〝乱れのない化石(群)〟を分析することで、その答えを探るのだ。

なお、浮遊性や遊泳性の動物の化石は、その性質から考えて基本的に異地性となる。死後に沈むまでの間に多少なりとも移動するからだ。他方で、生痕化石は原則的に「その場でつくられたもの(現地性)」と考えることができる。

生息環境や食物連鎖などを推理する場合、異地性の化石は使いにくい。運ばれてくる間に、広範囲の遺骸がかきあつめられている可能性があるからだ。ある捕食者と、ある被捕食者の化石が同じ地層の同じ場所から発見されたとしても、それが異地性の化石だった場合、両者に「喰う・喰われる」の関係があったのかどうかはわからないのである。

なぜ集まっているのか、それも問題だ

集団で化石が見つかる場合、そこに規則性が見られるかどうか、〝乱れ〟が見られるかどうかが、推理の分岐点となることがある。

規則性が見られた場合、その集団は生きていた時に（死の直前に）その場所にいた（現地性）である可能性が高い。

たとえば、モロッコから化石がみつかる三葉虫の一つに「アムピクス（Ampyx）」がいる。全長5センチメートル前後のこの三葉虫は、多い場合では11匹以上の化石が1カ所で発見される。

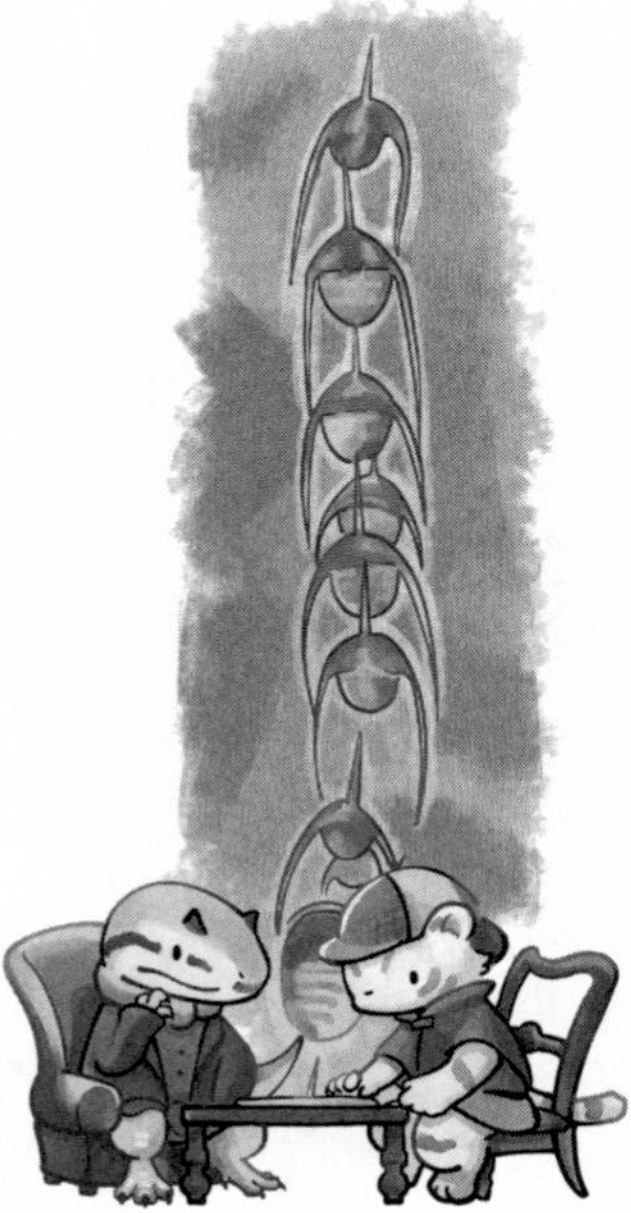

アムピクスの集団化石には特徴がある。ほぼ1直線に並んでいるのだ。つまり、規則性があるわけで、現地性とみられる。

研究者はアムピクスの集団がその場で死んだことを前提にして、さらなる推理を展開していく。

たとえば、アルバータ大学（カナダ）のブリアン・D・E・チャタ−ロンと大英自然史博物館のリチャード・A・フォーティは、2008年にこの集団は幅の狭いトンネル

一列に並ぶ
アムピクス

に潜っていて、何らかの理由でそのトンネルが泥で埋まった可能性に言及した。

一方、リヨン大学（フランス）のジャン・バニエたちは、トンネルではなく「1列になって海底表面を移動していた集団行動の証拠である」という研究を2019年に発表している。一列縦隊で移動中に何らかの理由で泥に埋まった、というわけである。

どちらの仮説が正しいかは今後の展開次第だが、どちらのケースでも「1直線に並んでいる」という規則性に注目して「なぜ、そこで死んだのか」を推理している点は共通している。

一方、乱れがみられる場合は、異地性である可能性が高くなる。〝そこではないどこか〟から運ばれてきたという場合だ。先ほどのボーンベッドの洪水の例がこれにあたる。貝化石なども水流で運ばれて、「シェルベッド」をつくることがある。

もっとも、〝乱れ〟があったとしても、それが異地性であるとは限らない。とはいえ、純粋な現地性ともいえない。そんな〝微妙な例〟もある。

アメリカのユタ州にあるクリーブランド・ロイド発掘地は、アロサウルス（Allosaurus）という全長8・5メートルの大型肉食恐竜の化石が40体以上も発見されたことで知られている。また、カリフォルニア州のロサンゼルスにあるランチョ・ラ・ブレアでは、約3万8000年前から約1万5000年前に生きていたとみられる動植物の化石が、660種以上、350万点以上も発見されている。

クリーブランド・ロイド発掘地でも、ランチョ・ラ・ブレアでも、そこから化石が発見される古生物は「異地性ではない」と考えられている。

クリーブランド・ロイド発掘地のアロサウルスの場合、その化石の状態が〝キレイすぎる〟のである。洪水などでかきあつめられた異地性の化石ならば、その過程で発生するはずの「骨の損傷」が確認できないのだ。

そのため、かつてその場所に〝底なし沼〟があり、やってきたアロサウルスたちが次々と〝底なし沼〟に沈んでいったという見方がある。

単独行動をするはずの大型の肉食恐竜が次々と〝底なし沼〟にはまった理由は議論があるところだ。

有力な推理は、最初に沼にはまった1頭が次の1頭をおびき寄せる餌となり、いわば「ミイラ取りがミイラになる」状況の結果、化石、つまり、遺骸が密集することになったのではないか、とされている。

ランチョ・ラ・ブレアの場合では、まさにこの「ミイラ取りがミイラになる」状況が今でも確認できる。この地には、今なお、アスファルトの沼があるのだ。かつて、その沼にはまった動物が、次の動物を引き寄せ、結果的に多くの動物が集中することになったとみられている。

こうした「ミイラ取りがミイラになる」ケースでは、肉食動物の割合が、他の場所よりも多いという共通がある。そもそも肉食動物でなければ、〝ミイラ〟に興味をもたないだろう。一方で、「おびき寄せられた」という視点に立てば、純粋な現地性とも言い難い。本来の生息地から離れていたかもしれないが、それは自分で移動した〝準現地性〟ともいえる例である。

集団の化石。それは、さまざまな推理のきっかけになる状況なのである。

第8章　地層の〝色〟は、保存に関わるかもしれない

「ぼくは、依頼人がはいってくるまえに、ちゃんと結論を出していたんだ」（独身の貴族／『シャーロック・ホームズの冒険』：創元推理文庫）より。

黒が望ましい

ある事件において、ホームズは新聞記事の情報と依頼人からの手紙、そして彼自身の経験から、依頼人と会う前に事件の結論を導き出す。

化石探しにおいても、同様のことは可能だろうか？

つまり、現場に行かなくても、その露頭の状況を聞くだけで、そこに良質な化石が埋まっている可能性があるのかどうかを判断する、ということができるものだろうか。

結論からいえば、難しい。でも、あくまでも可能性の問題としては、「できる」といえるかもしれない。

ポイントとなるのは、露頭に見える地層の色の情報だ。

それが「黒色系の地層」であれば、良質の化石が残されている可能性が高い。

第弐部第1章で紹介した「化石ができる過程」を思い起こしてほしい。古生物の遺骸が綺麗な化石になるには、他の動物による〝攻撃〟を受けないことが望ましい。肉食動物による捕食行動はもちろんのこと、できれば、小動物や微生物にも荒らされないことが理想的だ。

遺骸を荒らす動物たちがいない環境とは、どのような場所だろうか？

たとえば、溶けている酸素の量が極端に少ない水域だ。水の循環が乏しい閉鎖的な海や湖の底などである。

こうした環境では大型の生物はもとより、微生物も生きづらい。表層で暮らす水棲種や大雨などで流されて来た陸上種などの遺骸が、深層の貧酸素・無酸素環境まで沈めば、その後の微生物による分解がなされにくい。

遺骸だけではない。さまざまな有機物が〝処理〟されることなく、そのまま残される。そうした有機物が含まれる地層の色は「黒」であることが多い。

実際、「化石鉱脈」と呼ばれる例外的に保存の良い化石産地のいくつかは、地層の色が黒色か、黒に近い色だ。こうした場所では、骨や殻などの硬組織はいうにおよばず、筋肉や内臓などの軟組織も化石として残ることがある。私たちの知る生命史のいくらかは、こうした〝黒い地層〟から産した化石にもとづくものだ。

赤は難しい

露頭は常に風雨の影響を受け、時間を経るごとにボロボロに崩れていく。保存の良い化石を手に入れるには、可能な限り〝露頭ができてからできるだけ早い段階〟で化石をみつける必要がある。

地層中に鉄分が含まれている場合、空気に触れたその瞬間から酸化が始まる。簡単にいえば、「錆びていく」。

つまり、赤味を帯びていく。

時間が経てば経つほど赤色は強くなり、露頭もボロボロと崩れる。こうした露頭に含まれる化石は、あまり良い保存は期待できない。

筋肉や内臓などの軟組織は残っていないし、骨や殻などの硬組織も脆くなっていることが常だ。それだけに、もしもこうした露頭で化石を発見した場合は、慎重に掘り出す必要がある。ときに、接着剤などを使用して補修しながらの作業となる。

もちろん、黒色系の地層が必ずしも良質の化石を含むとは限らないし、赤色系の露頭で採集された化石の保存が絶対に悪いというわけではない。その意味では、ホームズのように「ちゃんと結論を出す」とはいえないかもしれない。

しかし、ある程度の指標にはなる。

第9章　時代の〝ギャップ〟に注意せよ

「われわれは何が起こったかを想像し、その仮定にもとづいて行動し、今や仮定の正しさを確認したわけだ」（銀星号事件／『回想のシャーロック・ホームズの冒険』：創元推理文庫）より。

地層は永遠にはたまらない

地層は、陸でも海でもつくられる。

より大規模に、空間的にも、時間的にも、連続してつくられるのは、海の地層だ。すでに見てきたように、風雨によって削られた陸の地層の粒子が海へ運ばれ、水流に乗って広範囲に拡散し、溜まって、地層がつくられていく。化石は、そうした地層の中に〝封入〟される。

そんな海の地層も永遠にたまり続けるわけではない。地球の表層は大胆に〝変動する〟からだ。いわゆる地殻変動である。

地球の表層は、ときに大きく隆起する。その最もたる例は、ヒマラヤ山脈だろう。「世界の尾根」とも呼ばれるこの山脈の一部は、もともと海底で堆積した地層でつくられている。その証拠として、山頂付近であっても、三葉虫類などの海棲動物の化石を採ることができる。

地球表層は、「プレート」と呼ばれる大きな岩盤で覆われている。プレートは10枚以上存在し、それぞれ別方向に動いている。そして、ときに衝突する。衝突した結果、プレートはめくれ上がり、あるいは、一方が他方へ乗り上げて、隆起するのだ。

ヒマラヤ山脈は大規模な例だけれども、小規模な隆起は世界各地で発生している。

それまで海だった場所が陸になると、地層の形成が事実上、停止する。

陸においても主に風によって地表部分が削られて、その削られた〝カス〟が堆積することで地層ができたり、あるいは、洪水などで集められた土砂が河川の一部に溜まって地層ができることはある。

しかしそうした陸の地層は、海の地層と比べると空間的には狭く、時間的には断続的だ。海の地層ほどに広範囲で長期間にわたって堆積したものではない。

さあ、想像してみよう。隆起して、空気中に露出した地層に何が起きるのか。

その事象自体は、これまでにも見てきた。

隆起して陸になった地層は、風雨にさらされ、削られていくのだ。

せっかく長期間にわたって堆積した地層が、時間の経過とともにどんどん削られていってしまう。もちろん、地層に含まれている化石も失われていく。

そして、再び堆積する

隆起があれば、沈降もある。

それまで陸地だった場所が、地殻変動によって水面下に沈むことだって珍しくない。

あるいは、海水面が上昇し、今まで陸であった場所が水没する。

すると、再び地層の形成が始まる。陸から運ばれた粒子が、広範囲に、連続的にしずしずとたまっていく。

しかし陸になっていたときに失われた地層は、二度と戻らない。海で堆積し続けていたときの時間的な連続性は、断絶してしまったのだ。

この断絶のことを「不整合」という。

この言葉は、一般的には「論理の内容が矛盾していること」を指す。しかし、地質学においては、時間にギャップが存在することを意味する単語として扱われる。

もちろん〝不〟があれば、〝不なし〟もある。連続的に地層がたまったその積み重なりは「整合」という。こちらの単語は、一般的には「物事がととのっていて、一致すること」を指す。「ととのっている」という点では、整合は地質学でもほぼ同じ意味だ。

不整合を見落とすな

露頭をよく観察すると、その不整合でできた地層の境目がわかる。なにしろ、陸に露出していたときに、風雨によって凸凹に削られているのだ。

また、隆起した際の地殻変動などで、地層が傾いている場合もある。その傾いた地層の表面は陸にいる間に削られて、水平にならされていることもある。「ならされている」とはいっても、やはり風雨によるものなので、表面は凸凹に削られている。そして、沈降してのちに堆積した地層は、水平にたまる。つまり、不整合を境にして、下の地層は傾いているのに、上の地層は水平、ということが発生する。

他にも不整合の下の地層にだけ断層が見られることもある。これは、隆起する前に起きた地殻変動で地層がずれ動いたことを意味している。

研究者は不整合をみつけることで、その地域に過去にあった地殻変動を読み解いていく。地層の傾き、隆起、風雨による侵食、沈降といったダイナミックな歴史だ。もちろん、現在の地上にある露頭でその不整合を見ているということは、海底にあった地層が〝最後〟に隆起したということである。そして、侵食が進行中で、いつか再び海底に没したときには、不整合がつくられることになる。

露頭観察において、不整合の存在を見落とすと、厄介なことになる。

たとえば、不整合の下に火山灰層があり、その年代が約8000万年前を示していた

としよう。不整合のある面の直上から、ある古生物の化石が発見されたとする。
　不整合がなければ、約８０００万年前の直上にある地層から発見されたので、その古生物が生きていたのは、約８０００万年前に近い時期である可能性が高い。
　しかし不整合があれば、不整合の下にある火山灰層の年代情報は役に立たない。不整合による時代の〝ギャップ〟が、いったいどのくらいの期間にわたっているのか、わからないからだ。
　地層累重の法則から考えて、その古生物が生きていた時期は、約８０００万年前よりも新しいことは確かだ。しかし、「どのくらい新しいのか」に関しては、まったくわからないのである。約7800万年前なのかもしれないし、約1000万年前なのかもしれない。あるいは、約1万年前、ということだってあるだろう。その古生物の生きていた時期を特定するには、また別の手がかりをみつけなければいけない。

たとえば、白亜紀を代表するティラノサウルス（Tyrannosaurus）の化石を産する地層があり、その真上の地層から人類の化石がみつかったとする。この事実から、人類がティラノサウルスの絶滅直後に登場したとか、ティラノサウルスと人類が共存していた可能性があるとか、そうした推理を展開したくなるかもしれない。

しかし、まずすべきは、両者の地層は、実は不整合の関係にあるのではないか、と疑うことなのだ。

不整合の見落としは、推理の基本である「いつ」を揺るがしかねないのである。

第10章　博物館にも〝宝〟はある

「君のコレクションに役立つのならば、好きなように使ってよろしいよ」（グロリア・スコット号／『回想のシャーロック・ホームズ』：創元推理文庫）より。

保管されることの重要性

化石の探求は、野外だけで行われるわけではない。

各地の自然史系博物館も〝現場〟となる。

そもそも、野外で化石を探す場合、自分の狙った動物の化石が手に入るとは限らない。アンモナイトを探す調査で二枚貝をみつける場合があるし、クビナガリュウ類などの海棲爬虫類の骨がみつかることもある。

時代と環境が一致する生物の化石ならば、何がみつかるかわからない。

それが、「リアル」というものだ。

しかし、研究者には「専門とする分野」がある。

言い換えれば、「得意とする分野」だ。人生の貴重な時間を費やして膨大な知識を吸収し、研究手法を身につけ、世界中の同じ分野の研究者とのネットワークを築く。そうしてつくられた専門性だからこそ、謎解きが進む。

もちろん、新発見を契機にして、自分の専門分野を広げていく研究者もいる。せっかく手に入れた〝研究材料〟だ。自分で研究し、推理を展開し、新たな知見を手に入れる。そんな人々も少なくない。

一方で、自分の専門外であれば、「専門家に任せる」というスタンスの研究者も多い。

その場合、とるべき手段は大きく分けて二つ。

一つは、その専門家が知人にいる場合。その場合は、知人の研究者に連絡をとり、化石を預ければ良い。

もう一つは、いつか現れる専門家のために、化石を保管しておく場合だ。その場合、

自分の所属する大学などの保管庫に収納するほか、発見地に近い自然史系博物館に預けて保管する場合もある。
　化石探しには、プロの研究者の他にも、多くのアマチュア愛好家が関わっている。アマチュア愛好家の中には、「珍しい化石は、専門家のために地元の博物館へ寄贈する」という人も少なくない。
　こうして研究が行われる前の化石が博物館などに保管される例は多い。
　そして、研究が行われたのちの化石の保管も重要となる。古生物学の基本であり、推理の根幹でもある化石は、多くの人々に検証されてこそ、推理の確実性が増す〝物証〟だ。

検証がなされなければ、それは科学ではない。古生物学が科学たる理由の一つは、発表された研究成果を多くの研究者が検証できるという点にある。

そのため、発表された研究論文には、使われた化石の保管場所の情報と標本番号が明記されるのが常だ。

こうした保管の際に、ともに大切にされているのは、本書の第弐部と第参部で触れてきた詳細な情報だ。地質図・地形図の位置情報、柱状図やともにみつかった化石などの露頭の情報など、そうした記録が多ければ多いほど、推理は的確に早く進んでいく。化石と情報、その両方の保管が大事なのだ。そして、その保管のプロである学芸員の常駐も重要となる。

博物館発の発見

博物館の保管と採集場所の記録が大発見につながった例を一つ紹介しよう。

２０２０年秋現在までに、日本で発見された恐竜化石の中で、最高の保存率を誇る「カムイサウルス（*Kamuysaurus*）」、通称「むかわ竜」の話である。

カムイサウルスの〝最初の化石〟は、２００３年に地元の化石愛好家によって発見された。

露頭でノジュールを割り、そこに見慣れぬ骨の断面をみつけた化石愛好家は、当初、これをワニ類の化石の断面と思ったという。発見地である北海道むかわ町穂別では、ワニ類の化石の発見は珍しい。そこで、愛好家はその化石を穂別町立博物館（当時の名称：現在のむかわ町穂別博物館）へ寄贈した。

しかし、博物館学芸員は、その化石はワニ類ではなく、クビナガリュウ類のものと判断した。穂別においてワニ類の化石は珍しいけれども、クビナガリュウ類の化石は珍しくない。学芸員はその化石を特別扱いすることなく、博物館の収蔵庫へと保管した。そして化石は、収蔵庫で眠りについた。

事態が動くのは、２０１０年である。

クビナガリュウ類の専門家として知られる東京学芸大学の佐藤たまきが来館。博物館の収蔵庫に眠る膨大な量のクビナガリュウ類の化石を調べた。

そうした標本の中に、佐藤は〝珍しい化石〟があることに気づく。その化石こそが、2003年に発見され、回収され、そして収蔵庫に保管されていた化石だった。

この時点で化石はまだ大部分がノジュールの中に埋もれていた。

滞在期間が限られていた佐藤は、ノジュールから化石を取り出す「クリーニング作業」を博物館に依頼し、帰京する。

そして、翌2011年に再び来館した佐藤は、その化石がクビナガリュウ類のものではないと看破する。恐竜類のものである可能性を指摘して、北海道大学にいる恐竜研究の専門家である小林快次を博物館に紹介した。

知らせを受けてやってきた小林は、恐竜類のものであると判断。詳しく調べるために、大学に化石を持ち帰った。そして分析の結果、化石は、恐竜類の中でもハドロサウルス類という植物食恐竜のグループに属する尾の一部であると特定した。

化石の状態が良かったため、小林は露頭にまだ残りの部位があると考えた。しかし、2003年の発見時に化石愛好家と博物館学芸員たちは、ともに露頭を調べ、残りの部位がないと確認していた。

納得がいかない小林は、その愛好家や学芸員たちとともに露頭を訪ねた。そして、改めて詳しく露頭を調べた結果、そこに残りの部位が埋まっていることを見出したのである。

その後、博物館は北海道大学と連携して、大規模発掘計画を展開。２０１３年と２０１４年に行われた発掘で残りの部位を回収した。

こうして手に入れた化石をノジュールや母岩から掘り出し、研究されること5年間。２０１９年に研究の成果が発表され、新種の恐竜として「カムイサウルス・ジャポニクス（*Kamuysaurus japonicus*）」の学名が与えられたのである。

カムイサウルスの発見史・研究史は、保管と記録の重要性を物語る好例だ。

当初、学芸員は「重要ではない」と判断しながらも、その化石をしっかりと保管していた。この保管が、２０１０年の佐藤との〝出会い〟につながっている。

そして、「もう残りの化石はない」と判断されながらも発見場所もしっかりと記録されていた。この記録が、２０１１年の小林による〝発見〟につながる。

今後は、収蔵されたカムイサウルスの標本と比較研究をするために、多くの研究者が博物館を訪ねることになるだろう。なにしろ全長8メートルという大型種で全身の約8割が保存されている恐竜化石は日本に他になく、世界的にみても貴重だ。新たに発見された恐竜化石との比較によって、多くのことが見えてくるにちがいない。

第肆部　化石の声を聞く

第1章　化石を露出し、記録する

「写実的な効果は、一定の取捨選択をしなければ出せないよ」（花婿の正体／『シャーロック・ホームズの冒険』：創元推理文庫）より。

化石を削り出す

化石を発見したとして、その現場でまわりの岩（母岩）やノジュールから取り出すことはしない。不安定な足場だし、時間は限られている。ある程度掘り出したら、母岩やノジュールごと大学や博物館へ持ち帰る。現場に滞在時間が余っているようならば、新たな化石を探すことに使うことの方が多い。

持ち帰った母岩から化石を取り出す作業のことを、一般に「クリーニング」と呼ぶ。

世の中には「職人」と呼ばれるほどのクリーニング技術をもった人が存在する。たとえば、三葉虫の化石を削り出す職人は、まず母岩を大きく割る。このとき、母岩の中にある三葉虫の化石も割れる。

……割れてしまうが、断面が見える。その断面から三葉虫の種類を特定し、母岩の中でどのような角度に内包されているか、壊れやすい部位がどのあたりにあるのかを推測する。そして、母岩を接着剤で戻し、その推測にしたがって母岩を削っていくという。

母岩の中に入っている化石の見当がついているため、作業は効率的に進む。

しかし断面から種を特定し、その情報を生かしながらの作業は、なかなかの〝離れ業〟だ。たいていは見当がついていたとしても、ゆっくりと岩石を削っていく。

物理か化学か

クリーニングに用いる道具は、小さなタガネや焼き入れした釘が一般的。これをハンマーで叩き、母岩を少しずつ削る。

エアスクライバーやサンドブラスターを用いることも多い。ともに電動機器だ。エアスクライバーの見た目は、小型のドリルのよう。しかし、ドリルとは異なり、先端は回転するのではなく、空気の力で上下に細かく振動する。その振動を使って母岩を削る。

サンドブラスターは、非常に細かい砂を高速で吹き付けて母岩を削る。

細かい部位を削り出すときは、固定した大型のルーペや顕微鏡の下で作業する。また、粉塵が発生する場合も少なくないので、そうしたときは吸引機の近くで作業を行う。

こうした手法は、化石の削り出しにおいて一般的で、そして物理的なものだ。

一方、化学的な手法を用いる場合もある。

化学的……つまり、薬品を用いるのだ。

酸を用いることで、化石のまわりの母岩を溶かしていくのである。ただし、酸が強すぎると化石自体も溶かしてしまう。そこで、酸をかなり薄め、その酸を満たしたトレイなどに母岩を浸し、ゆっくりと溶かしていく。骨などの化石が対象の場合、母岩が少し溶けたら引きあげて、化石の部分にだけ〝保護薬品〟を塗り、再び酸に浸ける。〝保護薬品〟には補強材や接着剤に使われるパラロイドなどが用いられる。これを繰り返すことで母岩だけを溶かす。溶ける速度は3~4日でようやく1ミリメートルほどの母岩を除去できるというもの。物理的手法と比べると、化学的手法は必要とする時間が長い。

それでも化学的手法は、壊れやすい化石をクリーニングする際に好まれる。壊れやすい化石を削り出すにはかなりの技術を要するが、薬品で溶かす場合にはそうした技術は必要としないからだ。必要なのは、酸をちょうど良い濃度に調整するノウハウである(それもまた高度な話だけれども)。

ただし、化学的手法には大きな弱点がある。

それは「一度溶けてしまったものは復元できない」ということ。物理的手法は、仮に壊してしまっても、その部位を接着剤で復旧できる。科学的手法で、誤って溶かしてしまうと、復旧は不可能だ。

物理的手法と、化学的手法。それは一長一短で、どちらを選択するかは、悩ましい問題なのだ。

あえて白くする

クリーニングを終えた化石。

その化石の色は、オリジナルだろうか？　もしも、オリジナルであれば、研究する価値がある。なぜ、その色をしているのか？　その色は何がつくっているのか？　考えるべき点は多い。

しかし、往々にして化石の色は、オリジナルではない。

化石化の過程でオリジナルの色は失われ、周囲の地層の影響を受けて、さまざまな色に変化する。

もちろん、その「色の変化」自体も研究対象ではある。なぜ、その色になったのかを探るということも研究テーマの一つだ。

一方で、「色情報は、〝惑わす情報〟にすぎない」という見方もある。化石表面の細かな凹凸を確認したいのに、暗色や明色がその微細構造を不鮮明にしてしまう。化石標本を直接観察しているのであればともかく、「撮影された画像」として論文等の印刷物で見るときに、その明暗情報は邪魔になる。

そこで、思い切った方法が考案され、採用されている。

明暗情報が邪魔ならば、その情報を捨ててしまえばいいのだ。

……化石を真っ白にしてしまうのである。

これは「ホワイトニング」と呼ばれる手法だ。塩化アンモニウムなどを吹き付けて、化石表面を白くする。

ホワイトニング処理をされた化石に光をあてると、陰影がはっきりと出る。なにしろ表面は真っ白なので、凹凸の影がより明瞭になるのだ。

色と凹凸と、どちらを重視するか。その取捨選択が重要になる。

また、化石のスケッチを行うことも少なくない。

こちらは写真撮影よりもより情報の取捨選択が可能となる。形状を正確に描きつつ、どの情報を強調して描き、どの情報を描かないかを選択することで、図版としてはよりわかりやすくなる。

もちろん、情報の取捨選択を行うということは、多少なりとも主観が入るということである。それは否めない。

しかし、特定の特徴を説明したいときには、不要な情報を盛り込まない方が伝わりやすい。どこか見知らぬ土地を旅するときに、目的地までの主要なランドマークを記した地図の方が、事細かに記された地図よりもわかりやすいことと同じだ。情報は絞り込んでこそ伝えやすい。

化石のスケッチを行う場合、糸を格子状にはった枠をつくり、その枠を化石に被せる場合もある。糸の間隔をたとえば、2センチメートルごと、5センチメートルごとなどにすれば、その糸の間隔を参考に、より正確な絵を描くことができる。

あわせて、ノギスなども利用し、化石の各部位の大きさを描きこんでいく。

こうした記録ができることもスケッチの利点だ。

化石も「CT検査」の時代へ

２０００年代までの記録手段は、もっぱらスケッチと写真画像に頼っていた。フィルムカメラからデジタルカメラへと、カメラは〝移り変わった〟ものだけれども、基本的なところは「伝統的」といえるものだった。

しかし２０１０年代ごろから、記録手段の選択肢は増えてきた。

たとえば、ＣＴだ。

正式には「コンピューター断層撮影（Computed tomography）」と呼ばれるこの手法は、主に医療分野で使用されてきた。Ｘ線を用いることで身体の内部構造を撮影し、体外からの観察では発見できない病巣を発見することができる。

当初は、大変高価な機器だった。機器が高いということは、所有せずに借りて使用する場合でも、その使用料が高額になるということでもある。

しかし、技術の進歩と普及の拡大にともなって、２０１０年代には古生物学においても使用されることが多くなってきた。

身体の内部構造が見えるということは、化石においても、化石を破壊せずともその中身が見えるということである。たとえば、脊椎動物の頭蓋骨を破壊せずとも、脳構造を読み取ることが可能となった。また、ＣＴは化石の外形を正確に記録することもできるため、複雑な形状をもつ化石をしっかりと把握することができる。

百聞は一見にしかず。

ぜひ、日本古生物学会の「ニッポニテス３Ｄ化石図鑑」（http://www.palaeo-soc-japan.jp/3d-ammonoids/index.html）をご覧いただきたい。

ニッポニテス（*Nipponites*）とは、「異常巻きアンモナイト」と呼ばれるアンモナイトの一つ。「ヘビが複雑にとぐろを巻いたような」と形容されることもあるその殻は、複雑怪奇そのもの。しかし、ＣＴによってその複雑な形状がしっかりと記録され、そして観察することができる。

もっとも、ＣＴも万能ではない。たとえば、クリーニングされていない標本が対象となる場合の撮影は〝苦手〟だ。母岩と化石の密度が同じであるため、スキャンできないのである。なお、複雑怪奇な形をしていても、実はこの巻き方には規則性があることが知られている。そもそも異常巻きの「異常」とは、あくまでも「よく知られる平面螺旋状の巻き方をしていない」という程度の意味で、遺伝的、あるいは病的な異常を指すものではない。念のため。

ＣＴだけではない。近年は、３Ｄスキャナーを用いた3次元記録や、さまざまな方向から撮影した画像をコンピューターで解析することで３Ｄモデルを構築する「フォトグランメトリ」の技術も進歩している。

こうした新技術によって、研究者はパソコンの前に座りながら、遠く離れた博物館や大学に保管されている化石の細部が検証できるようになった。

一方で、これらは「情報をまるごと保存する」という記録方法に近く、ホワイトニングやスケッチに見られるような〝強調〟とは縁がない（そのようにデータを加工すれば可能だろうけれども）。そのため、ホワイトニングやスケッチが不要になったというわけではなく、より一層、こうした伝統的な手段も大切なものとなってきたといえるだろう。

第2章　その輝きは〝後づけ〟

「捜査を誤った方向に向ける策略にすぎない」（『緋色の研究』：創元推理文庫）より。

その金色は〝偽物〟

化石の色は、あてにならない。

その例を紹介しよう。

アンモナイトや三葉虫の化石の中には、黄金色の輝きを放つものがある。とくに三葉虫に至っては、通常では化石に残らない触覚や脚、鰓までも黄金色で残っていることがある。

「おお、なんて神々しい動物なんだ」

……そう考えた、あなた。残念ながら、その〝見解〟は誤っている。

こうしたアンモナイトや三葉虫が、生前からキラキラと金色だったわけではない。この金色は、死後、化石になる過程で放つようになったものだ。

たとえば、黄金色を放つ三葉虫として、アメリカ、ニューヨーク州で産出する「トリアルトゥルス（*Triarthurus*）」がある。古生代オルドビス紀（約4億8500万年前〜約4億4400万年前）に生きていた全長数センチメートルの小さな三葉虫だ。

黄金色のトリアルトゥスの化石が含まれていた地層は、酸素がほとんどなく、一方で鉄と硫酸イオンが豊富に水に溶け込んでいたとみられている。

通常、酸素がない環境では、遺骸を分解する微生物もいない。これは、本書でも第参部第8章などで触れてきた通りだ。

ただし、そこに硫酸イオンがあると話は別となる。硫酸イオンを材料に生きる細菌がいるのだ。「嫌気性細菌」と呼ばれる彼らは、硫酸イオンを利用する際に、硫化水素を生み出す。その硫化水素が水中に溶け込んでいる鉄と反応する。これによって、「黄鉄鉱」という黄金色の鉱物ができあがる。

トリアルトゥルスなどの黄金色の〝正体〟は、この黄鉄鉱である。化学反応によってできた黄鉄鉱が遺骸と置き換えられたり、黄鉄鉱に覆われたりすることで、金色の化石ができあがる。

つまり、金色は、生前の色ではない。

ちなみに、「金色だから、さぞかし価値が高いだろう」と、金（Gold）を連想する人がいるかもしれない。たしかに、黄鉄鉱化した化石はそれなりに貴重だが、黄鉄鉱には黄金ほどの希少性はない。黄鉄鉱は俗称として「愚か者の金（Fool's gold）」と呼ばれるほどである。黄鉄鉱をつくる硫化鉄は酸化しやすく、壊れやすい。黄鉄鉱化した化石を発見した場合は、保存に気を使う必要にせまられる。

本体か、それとも鋳型か

化石の中には、乳白色で、虹色の輝きを放つものもある。「オパール化した化石」だ。

「愚か者の金」である黄鉄鉱と異なり、こちらは正真正銘の「オパール」である。

オパール化した化石の代表格は、二枚貝の化石だ。

ただし、「オパール化した二枚貝の化石」には、実は〝貝殻の本体〟は残っていない。地層中で貝殻は溶けてなくなり、そこにできた空洞にオパール成分を含んだ液体が流れ込み、空洞が鋳型となってつくられたものである。

オパール化した化石には、脊椎動物の骨や、植物の幹などもある。脊椎動物の場合、骨の隙間にオパール成分を含んだ液体が流れ込み、固まることでつくられる。この際に、骨本来の構造が溶けてなくなっていることも少なくない。

こうした〝オリジナルを失った化石〟とは異なり、植物の場合は、しっかりとオリジナルの構造を残す。

植物体を含む地層にオパールの主成分の一つであるケイ素成分が溶け込むことから始まり、そのケイ素が植物の幹の細胞内や細胞壁へと満ちていき、少しずつ細胞の成分をケイ素主体の成分に置き換えていく。

こうしてオパール化した植物は、「珪化木」と呼ばれる。細胞レベルでオパール化しているため、たとえば幹を輪切りにすると、その植物の構造がよくわかる。水と栄養の通り道である維管束の数や配置を観察することも可能だ。

オパール化した化石は、なにしろ本物のオパールである。つまり、宝石だ。とくにオパール化した二枚貝は高価で市場流通されている。ただし、その化石は、〝オリジナルを失った化石〟であり、古生物学的な研究がどこまで適用できるかは微妙なところ。

珪化木も市場流通しているが、こちらは二枚貝ほど高価ではない。ただし、その内部には微細構造も確認できるという〝研究素材〟だ。

一方で、オパール化した脊椎動物の骨は、希少性が極めて高く、市場流通はしていない。それぞれ〝異なる立場〟にあるオパール化した化石。共通しているのは、やはり、生存時の色をそのまま残したわけではない、という点だ。

熱の影響も

アンモナイトの化石の中には、赤や青、緑色の輝きを放つものがある。カナダのある地域だけで採集されるその化石は、「アンモライト」と呼ばれる。これは種名やグループ名ではない。宝石名だ。

つまり、宝石となったアンモナイトがあるのだ。

この宝石の輝きも、生きていたときの色ではない。

そもそも生きていたときのアンモナイトの殻は、「アラゴナイト（霰石）」という鉱物でつくられていた。アラゴナイトは、一定以上の熱の影響を受けると、「カルサイト（方解石）」と呼ばれる鉱物に変化する。カルサイトとアラゴナイトは、同じ炭酸カルシウムを主成分とする。ただし、分子の配置が異なり、性質もちがう。多くの「アンモナイトの化石」は、カルサイト製だ。

この「アラゴナイト→カルサイト」という化石化の過程で、カルサイトに変わる直前に熱の影響が突然止まることがある。このとき、アンモライトができるとされる。

アンモライト

アンモライトの輝きは、炭酸カルシウムを主成分とする鉱物と、絶妙な熱の影響の結果なのである。あまりにも絶妙すぎて、アンモライトの産地は極めて限定的だ。

そのほかにも、たとえばティラノサウルスの化石には、「ブラックビューティ」と呼ばれる愛称がつけられているものがある。その名が示すように、その化石は美しい黒色をしている。この黒色は、化石化の過程で周辺の地層からマンガンが染み込んだ結果とされる。

また、アメリカ、ロサンゼルスから発見される哺乳類の各種化石も黒い。これは、タール（アスファルト）の色だ。如此く、化石の色は、生存時の色を残さず、化石化の過程で変化する。したがって、「色情報」という意味では、オリジナルに関する重要な手がかりとはならない。もっとも、古生物学には「化石化の過程そのもの」をターゲットとした研究分野もある。「タフォノミー（化石成因論）」と呼ばれるその分野においては、「なぜ、その色になったのか」は立派な研究テーマであり、化石の色は推理の始まりとなる。もしもタフォノミーに興味をもたれたのであれば、拙著の『化石になりたい』（技術評論社）をご覧いただきたい。

第3章　部分から全体を

「みな、いつか以前におこっている」（『緋色の研究』：創元推理文庫）より

大きなものほど、全身は残らない

大きな動物の化石が、まるごと化石となっている例は多くない。

もともと、大きな動物ほど、生態系における個体数が少ない、という現実がある。基本的に大型種は小型種よりも〝よく食べる〟。もしも大型種の方が小型種よりも数が多ければ、その生態系は崩壊してしまう。

さらに化石となるには、地中に埋もれなければいけない。大型種の全身が地中に埋も

れるには、それなりの量の堆積物が必要だ。

仮にすべてが無事に埋没したとしても、大型種は壊れやすい。

地殻変動が起きたとき、たとえば、断層が複数できたとき、小型種であれば、断層と断層の〝隙き間〟で、その断層をやり過ごすことができる。しかし、大型種は断層にともなう地殻変動に巻き込まれ、化石が破壊されてしまう。

化石となって露頭から顔を出したとき、その存在に気づかれなければ、少しずつ風雨で削られていく。

大型種は死して化石となり、そして私たち人類に発見されるまでの間、さまざまな〝災難〟に遭遇するのである。

結果として、大型種は化石自体が少ないし、全身が残っている例は少ない。

たとえば、「史上最大の陸上動物」とされる全長37メートルの植物食恐竜、パタゴティタン（Patagotitan）は、一部の首の骨、肩の骨、一部の肋骨、一部の尾の骨しか発見されていない。それでもこの恐竜は30メートル超級としては発見部位が多い方で、同クラスの恐竜の中には一部の脊椎などしか発見されていない例もある。

大型の肉食恐竜として圧倒的な知名度をもつティラノサウルス（*Tyrannosaurus*）は、これまでに約50体の化石が発見されている。しかし、保存率が5割を超えている標本は数えるほどしかない。7割を超えているものは、「Sue（スー）」と愛称がつけられた1体だけだ。

北海道で発見された「むかわ竜」ことカムイサウルス（*Kamuysaurus*）が注目を集めている理由の一つには、全長8メートルというなかなかのサイズながらも、全身の8割が保存されていたからでもある。この大きさでこの保存率という恐竜化石は、過去に日本で発見された恐竜化石には類がなく、世界的に見ても、けっして多いというわけではない。

大型種ほど、全身は残りにくいものなのだ。

博物館のティラノサウルスの〝正体〟

ここまで読んで、不思議に思った読者もいるかもしれない。

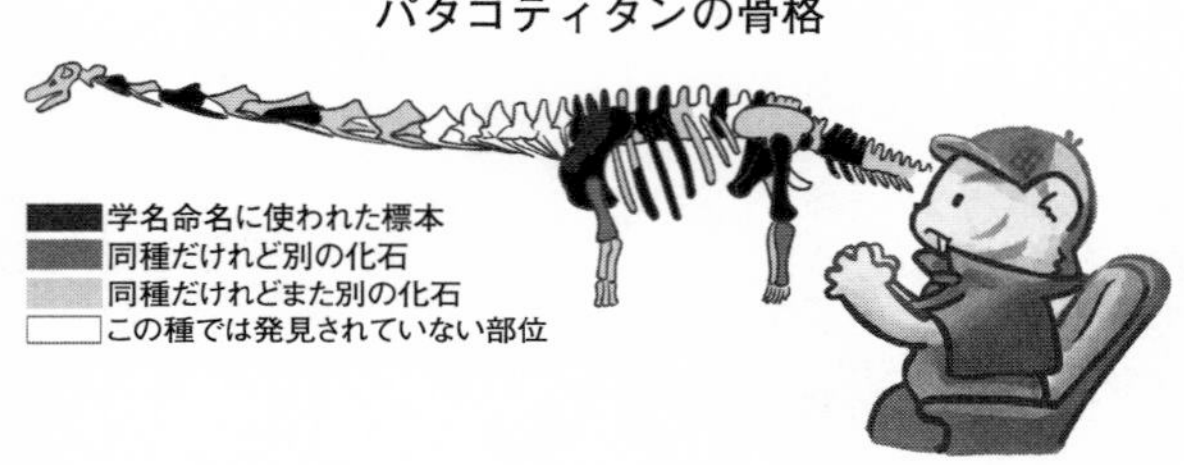

「博物館や企画展に行けば、そこに全身骨格が飾ってあるではないか」

そう感じられた方もいるだろう。

然り。たしかに博物館や企画展では、頭の先から尾の先までキッチリとそろった骨格が展示されている。それこそ、ティラノサウルスの〝全身骨格〟は珍しくなく、ときに30メートル超級の恐竜だって、その骨格が飾られている。

ただし、これは「全身復元骨格」だ。

研究の成果として復元されたもので、化石そのものではない。

多くのティラノサウルス標本は、その保存率が5割以下だ。

しかし、そのすべてが同じように保存されているわけではない。

たとえば、あるものでは、腰と背骨の部分が残り、あるものでは、腰と頭部が残る。

こうした同一種の複数の化石で共通する部位と異なる部位が

残っていれば、それが全身を推理する手がかりとなる。

　腰という共通点を参考に互いを比較し、足りないところを補うことが可能となるのだ。「史上最大の陸上動物」として紹介したパタゴティタンも、同種とみられる複数の個体の異なる部位を組み合わせて、全身が復元されている。同種の化石で補うことができない場合は、近縁種を参考にする。こうして過去の膨大なデータと比べることで、全身が復元されていく。

復元の〝最新事情〟

　長い古生物学の研究の歴史の中で、まったく、完全に、姿が予測できないもの、はそうそうない。かつて誰かが同種の別の部位や近縁種を発見しており、その記録が復元の際に大きなてがかりとなる。

　もちろん、近縁種はあくまでも「近縁種」である。同種ではないので、そこに不確実性は残る。

近年は、コンピュータを主体的に用いた復元手法も使われている。

その一つが、スピノサウルス（*Spinosaurus*）に関するものだ。スピノサウルスは、全長15メートルに達する大型の魚食恐竜で、ワニに似た顔をもち、背中に「帆」のような構造があった。映画『ジュラシック・パーク３』に登場した恐竜といえば、「ああ、アイツか」と思い当たる読者もいるかもしれない。

スピノサウルスの最初の化石は、１９１２年にエジプトで発見された。その後もいくつか標本がみつかっているけれども、この１９１２年の化石が最も保存が良い。しかし、１９４４年、第二次世界大戦中にドイツの保管博物館が空爆を受け、その保存の良い標本があとかたもなく粉砕してしまった。

そのため、ティラノサウルスを上回る巨体を持ちながらも、発見から90年以上も全身復元骨格が制作されたことはなかった。

２００９年になって、日本の研究者が中心となり、１９１２年の化石を報告した論文の再検討、偶然に残っていた標本の写真、その後発見された部分化石などが再検討され、初めて全身復元骨格が組み立てられた。このときの全身復元骨格は、他の多くの肉食恐竜がそうであるように二足歩行で歩く姿だった。

最初の標本が失われているとはいえ、このときの全身復元骨格の制作に用いられたのは、どちらかといえば「伝統的な手法」である。

この恐竜の研究は、その後大きな転換をみた。

2014年、アメリカのシカゴ大学に所属するニザール・イブラヒムたちが、こうした「伝統的な手法」に加え、近縁種の恐竜のデータなどをコンピューターに取り込んで調整し、コンピューター上で全身復元骨格を〝組み立てた〟のである。その結果、肉食恐竜としてはかなり珍しく、四足歩行モデルとなった。

伝統的な手法で「二足歩行」と復元されたスピノサウルスが、コンピュータを用いたイブラヒムたちの手法では「四足歩行」となったわけだ。

そして、並行して（リアル世界の）全身復元骨格も制作された。コンピューターのデータを参考にし、部位によっては3Dプリンターも導入された。

化石という直接証拠によらず、コンピューターによって欠損部位を調整して補完するというやり方は、もちろん直接証拠が発見されれば、くつがえる可能性もある。しかし、この新たな手法は、古生物学における、とくに大型種の復元について、新たな可能性を示すこととなったといえるかもしれない。

第4章　〝犯人〟の手がかりを探る

「疑わしいという点を聞かせてください。証拠はこちらで探しますよ」（3人の学生／『シャーロック・ホームズの生還』：創元推理文庫）より）

自然の破壊か、それとも襲撃されたのか

化石の大小を問わず、その一部が欠損していることは珍しくない。

しかし、その欠損が何によるものなのかについては、推理を重ねる必要がある。

化石にみられる欠損の、その多くは自然現象によるものだ。言い換えれば、「死後の破壊」である。つまり、化石になる過程、あるいは、化石になった後によって破壊されたもの。前章で紹介したように、生物の遺骸は化石になる過程でさまざまな破壊作用を

受けるのである。

他の動物に襲われた痕跡が確認できる例は、多くない。

それもそのはず。

もしも襲われたのであれば、「完食」されることが常であり、欠損が「一部」にとどまる可能性は決して高くない。捕食者が〝骨ごと獲物を食べるタイプ〟ではなかったとしても、肉を食べる際にまわりの骨を踏みつけ、壊していく。そして、化石になる前に破壊され尽くされてしまう。

しかしときに「襲撃の痕跡」が化石に残っていることがある。その場合、それは襲撃者を特定する手がかりとなる。

たとえば、二枚貝の化石である。

二枚貝の化石には、殻の一部に直径数ミリメートルほどの丸い穴が開いている場合がある。これは、現生種の観察から、巻貝による捕食の痕跡であると特定されている。同じ「貝」という文字をもつ動物であるが、二枚貝と巻貝は異なるグループの動物である。巻貝は藻類食などもいる一方で、なかなか恐ろしい捕食者も多いことが知られている。彼らは二枚貝の殻を溶かしたり、削ったりして穴を開け、その中身を食べてしまうのだ。

たとえば、ある種の三葉虫には、殻に欠損部があることが知られている。この欠損部に関しては、何らかの病気や遺伝子異常であるという見方の他に、捕食者に噛まれた痕跡ではないか、という指摘がある。

研究者は、この三葉虫の欠損部から二つの推理を展開する。

一つは、噛まれた痕跡だったとして、それはどのような動物によるものだったのか、というものだ。かつて、日本のテレビ番組が、研究者の監修を受けながらその捕食者の模型をつくり、この三葉虫の模型を噛ませるという実験を研究者の目の前で行っている。

その結果、歯型が一致するということが示され、三葉虫の襲撃者が特定された（ただし、この実験は、現在では疑問視されている。また、このとき、襲撃者とされた動物は、現在では口の形状に修正がなされている）。

もう一つは、欠損部が三葉虫の右側に多いということに注目したものだ。欠損部が噛まれた痕跡だったとして、右側に多いということは、襲撃された際に右に曲がることが多かったのではないか、という指摘がある。このことから、多くの三葉虫が、いわゆる「右利き」だったのではないか、ともされている。

脊椎動物における典型的な捕食痕は、歯型である。たとえば、さまざまな植物食恐竜には、肉食恐竜ティラノサウルス（*Tyrannosaurus*）のものとみられる歯型が残っている。

これは、植物食恐竜の化石の欠損部にティラノサウルスの歯化石をはめると「ぴったりと一致する」「これほど大きな欠損や傷を残せる動物は、同時代にはティラノサウルスしかいなかった」などという状況証拠による特定がなされている。

面白い例としては、ジュラ紀に生きていたアロサウルス（*Allosaurus*）という肉食恐竜の腰の骨の化石に、丸い欠損が確認できるものがある。この欠損に、植物食恐竜ステゴサウルス（*Stegosaurus*）の尾の先にある棘をはめたところ、ぴったりと重なるという。このことから、アロサウルスはステゴサウルスを襲い、しかし、手痛い反撃を受けたとみられている。

また、イカの化石に、翼竜類の歯が刺さったまま残された例もある。これは、翼竜類がイカを襲っていたという証拠であると同時に、その狩りに失敗し、歯が抜けてしまった例と解釈されている。

他にも、ある種のサメ類の歯型は、獲物となった動物の喉付近に多いことが指摘されている。この場合、そのサメ類には獲物の急所を的確に狙う、知能と技術があったことが推理される。

このように捕食の痕跡をみつけることは、さまざまな推理のきっかけとなるのだ。

第5章 傷に「異常」はないだろうか

「奇異であることと不可解であることを混同するのは間違いだ」（『緋色の研究』：創元推理文庫）より）

逃げのびた痕跡

化石の殻や骨に見ることができる捕食痕や傷の中には、〝ちょっと変わった状態〟になっているものがある。典型的なものは、その捕食痕や傷のまわりが「妙に膨らんでいる」場合だ。

これは、欠損部位が治癒された痕跡だ。「治癒痕」と呼ばれる。

治癒痕があるということは、その動物が、少なくとも治癒する期間は生きていたことを示す重要な証拠だ。

捕食者に襲われたり、事故にあったりして、殻や骨に損傷を受けた場合、それが致命傷であれば、その場所は治癒しない。生命活動が停止してしまえば、治癒は行われないからだ。

つまり、治癒痕は負傷後に生きていた証拠なのである。

これは古生物の生態を推理するうえで、かなり有力な手がかりとなる。

たとえば、マチカネワニ（*Toyotamaphimeia machikanensis*）の例がある。マチカネワニは、今から約40万年前の大阪に生息していたワニだ。全長7・7メートルと、現生ワニ類の中でも「超大型種」といわれるイリエワニと同等以上のサイズがある。発見されている化石は、1個体のみ。

そんなマチカネワニは、右後ろ脚に骨折の痕跡とその治癒痕があり、さらに、下顎の先3分の1が欠けていて、そこにも治癒痕があった。

これらの証拠は、このワニが大怪我（とくに下顎の先3分の1が欠損するという大怪我）を負いながらも、生き延びたことを意味している。当時の生態系で、このワニを襲

うような動物が存在し（同種だったのかもしれない）、そして襲われながらも、撃退か逃亡に成功し、その後は、大怪我を負いながらも、生きていけたと推理することができる。
さらに、「治癒痕は負傷後に生きていた証拠」という手がかりから、捕食者の生態に迫ることもできる。
ティラノサウルス（*Tyrannosaurus*）の例を紹介しておこう。「肉食恐竜の王者」として知られるこの恐竜は、かつて「自分で狩りをすることはなく、死体あさりをする腐肉食専門だった」という見方があった。
しかし、ティラノサウルスの歯型が残されている植物食恐竜の化石があり、その歯型には治癒痕が確認されている。

これはティラノサウルスに襲われた植物食恐竜が、ティラノサウルスから逃げのびることができた証拠となる。転じて、ティラノサウルスが「生きた獲物」を襲った証拠にもなるのだ。

化石に見られる欠損部のまわりにある〝妙な膨らみ〟。それは、古生物の生態を推理するうえで、重要な手がかりなのだ。

病の痕跡もわかる

骨に確認できる〝妙な膨らみ〟のすべてが、「負傷の治癒痕」とは限らない。

パッポケリス（*Pappochelys*）の例を紹介しておこう。

パッポケリスは、中生代三畳紀初頭（約2億4000万年前）に生きていた爬虫類で、カメ類の祖先に近いとされている。全長20センチメートルほど。胴体が少し膨らんでいて、腹側の肋骨が発達した〝胸甲〟をもつ。その一方で、背中の甲羅（背甲）は未発達だったという特徴がある。

2019年、ドイツのフンボルト博物館に所属するヤラ・ハリディたちは、パッポケリスのある個体の大腿骨に〝妙な膨らみ〟があることに気づいた。

それは、既知の治癒痕とは少し違っていた。攻撃を受けた痕跡もなく、折れた痕跡もない。

そこで、CTスキャンによってその内部構造を調べたところ、それが骨肉腫であることがわかった。

ヒトであれば、骨肉腫は10代から20代にかけての若者の膝回り、肩周りに発生することが多い腫瘍だ。骨に変化が現れるほどまでに発達すると痛みをともなう病である。ただし、現代科学では治療法が確立し、5年生存率は70パーセントを超えるとされている。

もちろん、パッポケリスはこうした治療を受けることはできないし、そもそもヒトと同じように痛みを感じるのかどうかも不明だ。そして、このパッポケリスの死因が骨肉腫であるとは特定されてはいない。しかし、約2億4000万年前の爬虫類にも、現代と同じ病があったことは確かであるといえる。

腫瘍の痕跡は、他の動物にもあった。２０１６年には、成長すると5メートルほどになる植物食恐竜のテルマトサウルス（*Telmatosaurus*）のある個体の下顎にエナメル上皮腫とみられる痕跡が確認されている。これは、ルーマニアのバベシュ・ボーヤイ大学のミハイ・Ｄ・ダンブルヴァたちが、下顎にある〝妙な膨らみ〟に気づき、ＣＴスキャンによる分析を経て特定された。

ヒトの場合では、エナメル上皮腫は良性の腫瘍の一種とされるものの、下顎に発生した場合は、下唇の知覚低下や麻痺につながることがあるとされる。

腫瘍に限らず、多くの内科的な異常は内臓などの軟組織に発生するため、古生物たちがどのような病理に苦しんでいたのかはわからない。ただし、中にはこうして骨に痕跡を残すものもある。その痕跡と、ＣＴスキャンによる分析を組み合わせることで、億年単位の昔を生きていた動物の病も知ることができる。

「治癒痕がない」も手がかりとなる

ときに、治癒痕が「ないこと」が推理の手がかりとなることがある。

たとえば、「フタバスズキリュウ」の和名で知られるクビナガリュウ類のフタバサウルス（*Futabasaurus*）の化石には、サメの歯が多数刺さったまま発見されている。一見すると、これはサメによる〝殺竜事件〟の証拠のように見える。

ただし、物語はそう単純ではない。まず、フタバスズキリュウに残されたサメの歯は大きさにはちがいがあり、6～7匹のサメの攻撃を受けていたことが、アメリカ、デポール大学の島田賢舟たちによって明らかになった。

フタバサウルスの全長は、6・4～9・2メートル。このサイズで6～7匹のサメの攻撃を同時に受けていたとは考えにくい。数度にわたる攻撃があったと考える方が自然である。その場合、最初の攻撃からは逃げることができたはずだ……が、フタバサウルスに残された傷には治癒痕がみられなかった。こうして推理を転がして、島田たちは、「このフタバサウルスは死後にサメに漁られたのだ」としている。

たとえば、こんな化石もある。２０１６年、中国地質大学のルイウェン・ツォンが報告した約３億６５００万年前（デボン紀末期）の直径数センチメートルのオウムガイ類の化石内部には、三葉虫類の殻の破片がいくつも詰まっていた。

当時のオウムガイ類は、三葉虫類にとっては捕食者の一つ。したがって、シンプルに考えれば、「オウムガイ類が三葉虫類を捕食し、その殻が胃の中に残っている」となるかもしれない。

しかし、オウムガイ類の殻内にあった三葉虫類の破片には、捕食痕がいっさい見当たらなかった。オウムガイ類の歯型がなかった。

もちろん、治癒痕もない。

さらに、「破片」とはいっても、いずれも「頭部」「胸部」「尾部」に綺麗に分離していたのである。

これらの手がかりに注目し、ツォンたちはこの三葉虫類が、このオウムガイ類に捕食された可能性は低いと判断した。

おそらく先にオウムガイ類が死亡し、軟体部が腐り、殻だけが残った。その殻を、この三葉虫類は脱皮場所に使ったのではないか。

ツォンたちはそう指摘している。

三葉虫類の殻は、かなり硬い。しかし、脱皮直後は軟らかく、その分、防御性能も低い。そんな〝弱い時期〟に、オウムガイ類の遺骸をシェルター代わりに使っていたのではないか、というわけである。

捕食痕があるはずなのに、確認できない。これもまた、推理の手がかりになるのだ。

第6章　その小石も手がかりとなる

「無縁か、そうでないか、それを決めるのはぼくの役目じゃありませんか」（ソア橋の怪事件／『シャーロック・ホームズの事件簿』：創元推理文庫）より）

小石の本来あるべきところ

地層中に眠る化石を調べていると、脊椎動物の骨化石とともに小さな石がまとまってみつかることがある。

小さな石、言い換えれば、小さな「礫」。

その存在に気づき、古生物との関連性に気づくことができるかどうか。〝探偵〟の観察力が問われる。なにしろ、気づかずに化石を掘り出してしまえば、その小さな礫は失われてしまうかもしれないからだ。

そもそも小さな礫はどこにでも転がっているわけではない。

地殻変動や風雨によって地形が崩されて生まれるものが「礫」だ。誕生当初の礫は、第参部で紹介したように大きくて角ばっている。

そして、川で流されていくうちに砕かれ、角がとれ、小さく、丸くなっていく。海岸付近ともなれば、礫よりも砂が多くなり、そして沖合になると砂よりも、泥が多くなる。もちろん例外はあるけれども、地層中の粒子のサイズはそろうものだ。巨礫が主体の地層の中に巨礫の破片としての小さい礫が入ることはあるが、小さい礫が主体の地層に大きな礫が含まれていることはない。砂や泥が主体の地層の中に礫が入っていることもほとんどない。……ゆえに、粒子のサイズから、その地層ができたおよその場所を推測できるのである（第参部第3章参照）。

では、化石とともにみつかる小さな礫は何なのか？

まずはまわりを観察する。その地層は小さな礫でできた地層だろうか？　もしもそうであるなら、そもそも違和感を覚えることはないだろう。

しかし、砂や泥の地層に眠る化石に、小さな礫が含まれているというのは、いささかながら不自然だ。しかも腹肋骨の周囲などの特定の場所に集まっているというのであれば、そこに何らかの意味を見出す必要がある。

肉は消化しやすく、植物は消化しにくい

化石のまわりの地層の岩質と、明らかに別の質感の小さな礫。

角がとれ、そして1カ所に集まっている。

結論から書いてしまえば、そんな礫は、「胃石」と解釈されることが一般的だ。胃石とは、文字通り、動物が胃などの消化器官内にもつ小さな礫のことだ。

現代人の場合で「胃石」というと、未消化の物質が消化器官内に集まってできたものを指す。また、いわゆる「胆石」や「尿管結石」なども体内にできた「石」だ。

古生物学の場合はさにあらず。古生物における「胃石」とは、こうした「自分の体内で生成した石」とは一線を画しており、「自らの意思で飲み込んだ小さな礫」を指して

いる。

体内で生成するものではないので、その礫の種類はさまざまだ。玄武岩や安山岩といった火山性の礫である場合もあれば、泥岩や砂岩といった堆積岩である場合もある。

なぜ、わざわざ、小さな礫を飲み込むのだろう?

それは、消化を助けるためとみられている。

哺乳類のように歯が発達した一部のグループをのぞき、多くの脊椎動物において餌は「丸呑み」である。口先で細かくすることも、すりつぶすこともせずに、そのままゴクッと飲み込む。

当然のことながら、この行為は消化によくない。そこで小さな礫を飲み込み、消化器官内ですりつぶすのだ。礫と礫が互いにぶつかりあい、角がとれていく中で、餌もすりつぶされ、消化しやすくなっていく。

胃石は、現生種でも見ることができる。たとえば、鳥類の「砂肝」がそれだ。鳥類には歯がないため、基本的に餌を丸呑みする。このとき、小さな礫や砂を飲み込んで、「砂肝」あるいは「砂嚢」と呼ばれる胃の一部で、その餌をすりつぶしていくのである

（ちなみに、焼き鳥のメニューとして食べる砂肝は、すでに砂は取り除かれているのでご安心を）。

古生物においては、胃石はその食性にせまる有力な手がかりとなる。

なぜならば、餌に関して「肉は消化しやすく、植物は消化しにくい」という傾向があるからだ。植物の種類や部位にもよるが、おおむね、肉よりも植物の方が硬い。

そのため、胃石は植物食動物にとってこそ必要なものと解釈される。肉食の動物にとって、胃石は不要なものと判断されるのだ。そこから逆説的に思考を展開させ、胃石をもつということから、その動物が植物食性だった可能性が高いと推理される。

ただし、動物の中には、明らかに植物食性ではないのに、胃石をともなう場合もあるので注意が必要だ。たとえば、水棲の爬虫類の例がある。その生息環境や歯の形から、どう見ても肉食性。それにもかかわらず、胃石としか考えられない礫が確認されることがあるのだ。この場合は、いわゆる「バラスト（重り）」として、からだが浮かないように胃石が役立っていたのではないか、と解釈される。また、二枚貝などの貝類を砕く際に用いられたかもしれないともいわれている。

第7章　歯は口ほどにモノを言う

「人体の一部で耳くらいさまざまに変わっているものはない。耳には一つ一つ、原則としての特徴があって、他の耳とはちがっているのだ」（ボール箱／『シャーロック・ホームズの最後のあいさつ』：創元推理文庫）より）

肉食の歯、植物食の歯

ホームズは、耳の形に注目する。

耳（正確には耳たぶ）の形状は、個人によって大きな差があり、現在では個人認証などに用いられる。だからこそ、個人の特定に役立つ手がかりになるのだ。

古生物においては、残念ながら耳たぶが化石として残る例はほとんどない。耳たぶは軟組織の塊で、化石になる前に分解されてしまうからだ。

しかし、「ホームズにとっての耳」に相当する注目ポイントがある。さすがに個人特定とまではいかないけれど、さまざまな情報を読み取ることができる重要ポイントだ。

それが、「歯」だ。

歯は、その動物の食性を知るうえでとても重要な手がかりとなる。

絶滅した動物たちの食性を知るのは容易ではない。なにしろ、その食事シーンを観察することはかなわない。それでも、現生種の情報があれば、そこから推理することができる。たとえば、第4章で紹介したように、巻貝は二枚貝の殻を溶かして食べる、と食性を推理することができる。

しかし、たとえば恐竜類をはじめとする古生物の食性をどのように推理するのか？

ここで役立つ手がかりが「歯」なのだ。

たとえば、恐竜類において、肉食性の種類の歯は、大なり小なりナイフのような形状をしている。この形状だけでも肉食性であることが示唆される。そして、肉食性であることを示す、より強固な証拠が「鋸歯」だ。

鋸歯とは、歯の縁に並ぶ細かなギザギザのつくりのことだ。その名の通り「ノコギリ

（鋸）」のような構造である。ナイフはナイフでも、バターナイフや果物ナイフなどではなく、ステーキナイフにみられるつくりである。この細かなギザギザが、肉にちょうどよくひっかかって、効率よく切ることができる。

鋸歯の効果に関しては、簡単に試すことができる。それこそ肉を切るときに、〝鋸歯〟のあるステーキナイフと〝鋸歯〟のないバターナイフで切り比べてみれば良いのだ。

古生物の場合、鋸歯を確認したうえで、歯全体の形状に注目する。たとえば、「ティラノサウルス（*Tyrannosaurus*）」に代表される大型爬虫類の歯は、バナナのような太さがある。この場合、獲物を骨ごと噛み砕くことができたとされる。バリボリと、骨ごと肉を食すのだ。

一方、同じ肉食恐竜であっても、厚さがなくて、まさにナイフのような形状の歯もある。この場合、骨ごと噛み砕くためには強度が足りないため、切り裂くように肉を食べていたと考えることができる。ティラノサウルスよりも大型とされる肉食恐竜の「ギガノトサウルス（*Giganotosaurus*）」がまさにこのタイプだ。一口に「大型肉食恐竜」と言っても、歯の形から生態のちがいが推理できる。

同じように「サーベルタイガー」の異名で知られる「スミロドン（*Smilodon*）」の牙（犬歯）も薄い。彼らにとっての主武器（メインウェポン）とするには強度が足りず、あくまでも「トドメの一撃」を刺すためのものと解釈されている。ちなみにサーベルタイガーの場合、肉食恐竜とちがって太い前脚をもっており、主たる攻撃手段は、その前脚による「ネコパンチ」だった。

スミロドンをはじめ、現生のネコやイヌも属する「食肉類」という哺乳類グループは、その名も「裂肉歯」という肉食用の臼歯をもっている。一般に「臼歯」は、文字通り「臼状」で食物をすりつぶすことに適している。食肉類の場合、この臼歯の形状が、尖り、薄くなっている。

ワニ類をはじめとする一部の肉食爬虫類の歯は細

くて、円錐形だ。これは、魚食の証拠とされる。水中で魚にサクッと刺し、そのまま一飲みする。つまり、口先で刻むことを前提としていない。

植物食性の場合は、肉食性よりも複雑だ。たとえば、植物食恐竜の中でも、全長数十メートル級の大型種が多く属していることで知られる竜脚類というグループの歯は、鉛筆のような円柱状となっているものが多い。鋭さも強度もないその歯は、植物の葉をただ単純に枝からこそぎとるためのものとみられている。彼らは植物を丸呑みし、その胃腸で長時間かけて消化する。

現生種と同じグループであっても、同じものを食べていなかったことを示す歯もある。たとえば、ウマ類の歯だ。現生種のウマ類は草を主食とする。歯で草をすりつぶして食べる。ただし、草は硬い。そのため、どうしても歯はすり減っていく。ウマ類の場合、多少すり減っても問題ないように、臼歯の背が非常に高くなっている。

しかし最初期のウマ類の臼歯には、その高さがない。そのため、草を食べることはできず、主に葉を食べていたと考えることができる。さらに葉を食べるということは、森林地帯に生きていた可能性が高くなり、その生活環境まで推理することができる。

歯の形状を注目することは、その動物の食生活にダイレクトに関わっていくのだ。

謎の臼歯と謎の巨大歯

歯の化石は、古生物の食生活にせまる重要な手がかり。……だからこそ、「謎を呼ぶ歯」がある、ということを紹介しておこう。

その歯は、日本でもみつかる。

大きさは手のひらに乗るサイズ。円柱がいくつか集まって一つの歯となっている。この歯の持ち主を「デスモスチルス（*Desmostylus*）」という。哺乳類だ。

デスモスチルスは、幸いにして、歯の化石だけではなく、全身の化石がみつかっている。全長2・5メートルほど。見た目はどことなくカバを彷彿とさせる顔つきをしているが、手足が大きい。そして、口の中、奥歯の位置に「円柱が集まった歯」がある。口先には、しなりのある円錐形といった具合の牙が左右に1本ずつある。

さて、「円柱が集まった歯」が、奥歯……つまり、臼歯であることは確かだ。なにし

ろ、奥歯の位置にあることが確認されている。
しかし、この臼歯、いったい何に役立ってい
たのか、まったくもって謎なのだ。
　もともと哺乳類は、「歯さえみつかれば、
種を同定できる」と言われるほど、多様な歯
をもっている。そして、歯化石がみつかれば、
その食性を同定できる。まさに、人体にとっ
ての〝耳〟と同じだ。
　絶滅種の多様な歯であっても、どこかしら
現生種の歯と似通っている。だから、そうし
た類似点をもとに食性を推理していく。
　ただし、デスモスチルスとその近縁種たち
の歯は、完全に〝独立したタイプ〟なのだ。
現生種に類似の歯をもつものがいないのであ

る。そのため、デスモスチルスとその近縁種が何を食べていたのかも歯の形からは推理を詰めることができていない。

謎の歯なのである。

もっとも、現代科学は形だけに頼らない。デスモスチルスの歯をつくる元素が分析された結果、海藻や底生の無脊椎動物を食べていた可能性が指摘されている。

もう一つ、例を紹介しよう。

発見されている数は膨大なのに、「謎」の多い歯が、「メガロドン」だ。

メガロドンの歯は三角形に近い形状をしていて、その一辺が10センチメートルを超えるものもしばしばある。厚みもあり、縁には細かな鋸歯がある。化石は世界各地からみつかり、日本でも多数発見されている。

その形状から、サメの歯であることには間違いがない。ただし、メガロドンは歯化石しかみつかっていないため、その全身像が謎だ。分類も定かではなく、学名も研究者によって異なるものが使われている。学名は、属名と種小名で構成される。メガロドンの場合、種小名は「メガロドン」ではあるが、属名が定まっていない（つまり、どの属に分類されるか定まっていない）のだ。現生のホホジロザメに近縁とみなす場合は、「カルカロドン・メガロドン（*Carcharodon megalodon*）」を用いることが多い。他に、「カルカロクレス・メガロドン（*Carcharocles megalodon*）」や、「オトダス・メガロドン（*Otodus megalodon*）」が使われることも少なくない（近年は、オトダスが用いられることが多い傾向にある）。「メガロドン」は、こうした学名に用いられる種小名であり、俗称でもあるのだ。

哺乳類であれば、歯の形状から、それが口の中のどこの歯なのか、位置を特定し、近縁種を特定し、全長を推測することができる。しかし、メガロドンのような巨大な歯をもつ現生のサメ類は存在しないし、サメ類の歯は哺乳類ほどに位置による形の差がない。そのため、膨大な量の化石が発見されているにもかかわらず、メガロドンは、サイズに関しても「巨大なサメである」ということ以上はあまりよくわかっていない（それでも、近年は、さまざまな手法で全長値を推測する試みがなされている）。

歯は数が多いし、エナメル質で覆われていることで化石にも残りやすい。だからこそ、多くの情報をもたらしてくれる。しかし、だからこそ招く謎もある。

第8章　眼は口ほどにモノを言う

「きみはぼくの方法を知っているだろう。それは、ごく些細なことの上に組み立てられるのだ」（ボスコム渓谷の惨劇／『シャーロック・ホームズの冒険』：創元推理文庫）より

複眼は語る

一般に、眼は化石に残らない。軟組織でできているそれは、水分が抜ければしぼみ、そして化石になる前に分解されてしまう。

しかし一部の動物の眼は、化石として残されている。その眼は「複眼」。小さなレンズが集まり、一つの眼となっているものだ。節足動物の眼として知られるつくりである。

複眼が化石に残っている動物の代表例は、三葉虫類だ。古生代に繁栄し、1万種以上

の多様性を誇るこの動物群の眼は、その外殻と同じ材質でつくられており、硬い。そのため、化石の眼の部分を見ると、大小のレンズがはっきりと確認できることが多い。

もっとも、「はっきりと確認できる」とはいえ、多くの場合でそのサイズは直径1ミリメートルよりもはるかに小さいサイズである。肉眼で見ることは難しく、ルーペを使っても「ああ、あるな」と確認できる程度。細部を観察するためには、顕微鏡や電子顕微鏡を使わなければならない。

この小さなレンズが、古生物の生態を推測する手がかりとなる。レンズのサイズと分布、数を調べるのだ。気が遠くなるような作業だが、多くの研究者がこの解析を行っている。

たとえば、金沢大学の田中源吾たちは、頭部の前方と側面を回り込むように大きな複眼をもつ「キクロピゲ（*Cyclopyge*）」という三葉虫の複眼を調べ、とくに側面のレンズの数が多いことを明らかにしている。

複眼のレンズの数は、デジタルカメラの解像度に相当する。つまり、数が多ければ多いほど、物体を正確に捉えやすい。

田中たちは、側面の解像度が高いことから、キクロピゲは狩人というよりは、〝狩人から逃げる動物〟だったと推測している。側方向の景色がよく見えるというこの特徴は、現在の草原で暮らすウマなど、被捕食者特有のものだからだ。

また、この複眼を生かすためには一定の明るさが必要であることから、「光がよく届く水中」がその生活圏だった、と考察した。

「狩り」がわかる

同様の例をもう二つ、紹介しておこう。

一つは、ウミサソリ類の例である。

ウミサソリ類は、古生代の半ばに繁栄した節足動物のグループで、文字通りサソリ類に似た姿をもつ水棲動物だ。このグループに「プテリゴトゥス(*Pterygotus*)」と「アクチラムス(*Acutiramus*)」という姿の似た2種類がいる。研究者によっては、同じ種類(属)とするほどに似ているが、アクチラムスの方がからだのサイズが大きい。

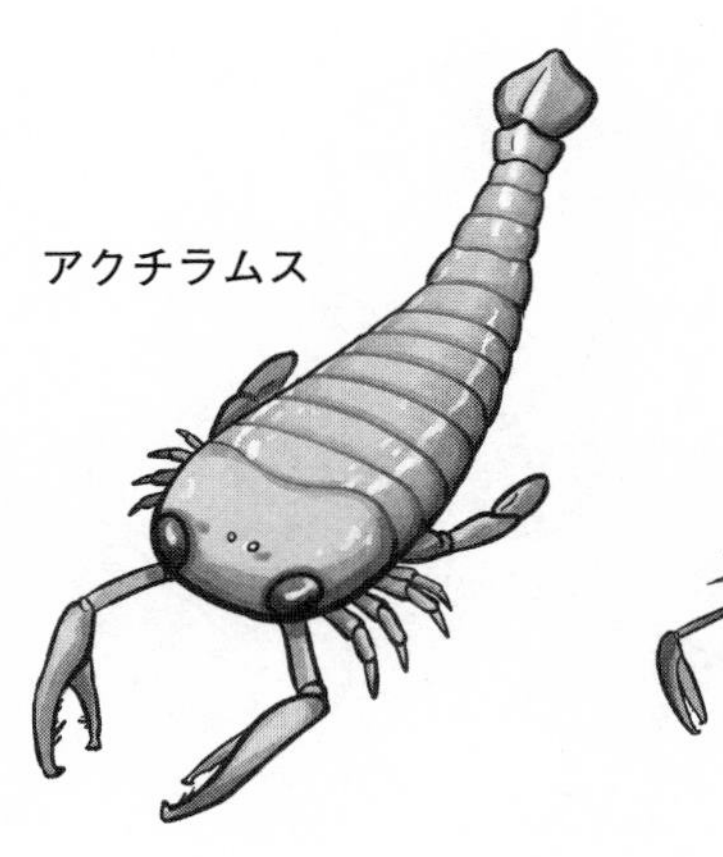

２０１４年にアメリカ、イェール大学のロス・Ｐ・アンダーソンたち、２０１５年に同じイェール大学のヴィクトリア・Ｅ・マッコイたちが発表した研究では、両者の複眼のちがいが注目され、プテリゴトゥスの複眼をつくるレンズの数がアクチラムスの複眼のそれよりも、２倍以上あることが指摘された。

この分析結果が中心となり、他の特徴なども鑑みて、プテリゴトゥスは遊泳型の狩人、アクチラムスは待ち伏せ型か、あるいは夜行性だったことが指摘されている。姿は似ていても、レンズ数の多いプテリゴトゥスは動き回る獲物を視認できるが、レンズ数の少ないアクチラムスには、それができなかった、と

みられるためだ。そのため、アクチラムスはさほど解像度を必要としない狩り方をしていたのではないか、と推理されたのである。

もう一つの例として、〝生命史上最初の覇者〟アノマロカリス（*Anomalocaris*）に関するものにも同様の研究成果がある。

２０１１年にオーストラリアのニューイングランド大学に所属するジョン・R・パターソンたちが「アノマロカリスの複眼」とされる化石を報告した。このとき確認されたレンズの数は、１万６０００個以上。この数は、複眼をもつ古今の動物と比べても、かなり数が多い部類に入る。

基本的に自身が高速で移動する飛翔性の昆

虫類のレンズ数は多くなる傾向がある。しかし、それでも数千個レベル。アノマロカリスのレンズ数を超えるものは、トンボくらいしかいない。

トンボは、自身も高速で飛翔しながら、同じく飛翔して逃げ回る獲物を狩る。このことから、アノマロカリスも積極的に獲物を狩りにいく、恐るべきハンターだったと指摘されている。

複眼をつくる細かなレンズ。そのレンズの解析から、さまざまな推理が展開されていく。

眼の中の骨

脊椎動物の眼は、基本的に軟組織であり、水分が抜ければしぼみ、そして化石になる前に分解されてしまう。

ただし、例外もある。哺乳類以外の脊椎動物は、眼球の内部に「鞏膜輪」と呼ばれるリング状の骨をもっているのだ。

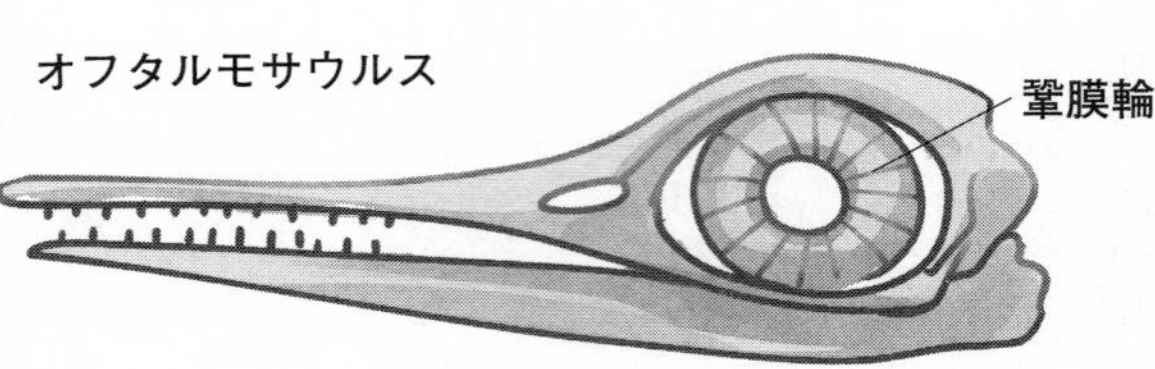

鞏膜輪は厚みがないために壊れやすく、すべての古生物の化石でその存在が確認されているわけではない。しかし、鞏膜輪が化石として残っていれば、古生物の眼の性能を推し量ることもできる。

アメリカ、カリフォルニア大学デイヴィス校の藻谷亮介たちは、１９９０年代の研究で鞏膜輪から〝開放Ｆ値〟を算出している。

開放Ｆ値は、「開放絞り値」とも呼ばれる。カメラのレンズなどに使われる値だ。この数値が低ければ低いほど、暗闇でものを見ることができる。このとき、藻谷たちが研究対象としたのは、中生代ジュラ紀の爬虫類、「オフタルモサウルス（*Ophthalmosaurus*）」という名の魚竜類で、その開放F値は0・8～1・1であるとした。この値は、現生のネコ類とほぼ同等だ。つまり、夜目が利く。

魚竜類は「魚」という文字が示唆するように海棲の動物である。海棲の動物にとって夜目が利くということは、陽の光が届かないような深海でも周囲を見ることができた可能性を示唆している。転じて、この魚竜類の生活圏を特定することにつながるわけだ。

鞏膜輪に注目する研究は、これだけではない。アメリカ、フィールド自然史博物館のK・D・アンジルチェックと、クレアモントマッケナ・ピッツァ・スクリプス・カレッジズのL・シュミッツは、さまざまな陸上動物の鞏膜輪を分析し、それぞれの動物の眼が昼間に向いているのか、夜間に向いているのか、それとも明け方や夕方のような薄暗い時間帯に向いているのかを推理している。

第9章　化石を輪切りにすることで見えてくる

「ぼくのすることは、なんだってちゃんとした理由があるのです」（ノーウッドの建設業者／『シャーロック・ホームズの生還』：創元推理文庫）より）

化石の「断面」に残された記録

化石は、貴重なものだ。

もちろん種によって数の差はある。世界でたった一つしか発見されていない種があれば、数十万個以上も発見され、博物館のギフトショップで１０００円弱で販売されている種もある。

しかし、すべての化石は「再生産することができない」という点で、貴重であるといえる。

つまり、壊れたからといって、「じゃあ、作り直そう」という「やり直し」はきかない。生きている動植物と同じである。化石は貴重で、大切なものなのだ。

そんな化石を輪切りにする。電気のこぎりなどでスライスする。そんな行為をみかけたら、それはそれは驚くことだろう。

もったいない！

なんてことを！

そう考えるのは、当然のことだ。

しかし、化石の価値を誰よりもわかっている研究者が、その輪切り行為を行っているとき、そこにはもちろん〝ちゃんとした理由〟がある。

輪切りにするリスクを超えるリターン（手がかり）があるのだ。

輪切りにすることで手に入る典型的な手がかり。

それは、「年輪」だ。

年輪は、1年の季節変動を受けて成長速度が変化することによってつくられる。生物

が細胞を生産するスピードが常に一定ならば年輪はつくられない。しかし、実際には気温や日射量、降雨量、食物量などの変動を受け、細胞が生産される速度は変化する。この変化が年輪に表れる。成長の緩急の差が縞模様となって現れるのだ。縞模様の線は、生産速度が遅くなったとき、あるいは停止したときにできる。

年輪の典型例は植物に見られるそれだ。年輪を見れば、樹齢何年だったのか、ということがわかる。

そして植物だけではなく、動物の骨格にも年輪は刻まれている。サンゴの骨格、二枚貝の殻、脊椎動物の骨などさまざまなものに年輪はある。

年輪の解析からわかる、最も基本的な情報は、「年齢」だ。年輪を数えれば、その古生物がいったい何歳で死んだのか、その享年がわかる。1個体だけのデータであれば、あくまでも「個体の死亡年齢」の話だ。でも、多くの同種の化石を調べれば、種としての寿命だって推理することができるかもしれない。

年輪の間隔も注目される。年輪の間隔は、一定とは限らない。縞模様と縞模様の間隔が開いていれば、「開いている理由」がそこにある。たとえば、「成長期」である。成長期の縞模様は間隔が広くなる。アメリカ、フロリダ州立大学のグレゴリー・M・エリクソンたちは年輪の解析によって、ティラノサウルス（*Tyrannosaurus*）の成長期は10代後半にあった、と指摘している。最も大きく成長したときは、1年で767キログラムも大型化したという。

もっとも、季節変化によらずに成長速度が変化する可能性もある。生殖期や、大きなけがをしたときなどだ。検討の際には、こうした〝イレギュラー〟も考える必要がある。

年輪の中には、より細かな日輪もある。つくられるしくみは同じだ。そして、日輪の数を数えれば、1年間の日数だって調べることができる。過去において、1年は365日ではなかったことも、こうした研究から推理されている（過去の地球は、1年の日数が365日よりも多かった。月による潮汐の影響で、地球の自転速度はわずかずつ遅くなっているのだ）。

年輪にまつわる推理は、古生物学分野に限定されず、ときに地球史にも拡大されていくのだ。

輪切りで見える病と生態

化石を輪切りにして見えてくる情報は、年齢に関するものだけではない。

岡山理科大学の林昭次たちの研究を三つ、紹介しておこう。

一つは、「ステゴサウルス（*Stegosaurus*）」という植物食恐竜に関わるもの。2014年に、南アフリカのケープタウン大学に所属するラグナ・レデルストーフと林たちが発表した研究では、20個体のステゴサウルスの骨化石が輪切りにされた。このとき、外見上はまったく異常のない大腿骨と脛骨から、骨髄炎とみられる痕跡が発見されたのである。

骨髄炎は、その名の通り、骨と骨髄の炎症だ。多くの場合では、細菌などが骨の内部に侵入し、骨が内部から壊死していく。場合によっては、死に至る病である。この研究によって、太古の恐竜たちが骨髄炎に罹患していたことが示された。

二つ目は、ドイツのボン大学に所属するマルティナ・シュタインたちとの研究成果で、鎧竜類にまつわるものだ。鎧竜類とは、背中に骨片でできた〝鎧〟をもつ植物食恐竜のことだ。

この研究では、成体と幼体の鎧竜類の骨の断面がそれぞれ調べられた。そして、成体の骨に溶かされた痕跡が多いこと、また年輪の成長幅は鎧ができ始めると狭くなることなどが明らかになった。この手がかりをもとに、鎧竜類の鎧は、自身の骨を溶かして材料とし、鎧をつくり始めた時期から「成長よりも防御」を重視するようになったと推理している。

三つ目は、絶滅哺乳類の「デスモスチルス（*Desmostylus*）」にまつわるもの。この哺乳類は、第7章でも「謎の哺乳類」として紹介した。〝柱が束になった歯〟をもつアレである。

林たちは2013年に発表した研究で、デスモスチルスとその近縁種、そして現生の海棲哺乳類の骨化石を輪切りにして、比較している。

第7章でも紹介したように、デスモスチルスは謎の哺乳類で、おそらく海棲であろうとはみなされているが、詳しいことはよくわかっていない。

林たちは、まず、現生の海棲哺乳類で海岸近くに暮らす種の骨断面の密度は高く、遠洋まで泳ぐ種の骨の断面は密度が低いことを指摘した。そのうえで、デスモスチルスの骨の断面は、密度が低いことも明らかにした。遠洋まで泳ぐ種とデスモスチルスの骨のつくりはよく似ていたのだ。

この分析結果から、林たちは「デスモスチルスは〝泳ぎが上手だった〟」と推理を展開している。また、同じデスモスチルスであっても、幼体の骨の密度が高いことも明らかにされた。つまり、より具体的には、「デスモスチルスは成長するに連れて、〝泳ぎが上手になった〟」ということになる。

骨を輪切りにしたことで、謎の哺乳類の行動範囲が見えてきたわけだ。

ここで挙げた例は、「骨を輪切り」で見えてくるさまざまな情報の一角にすぎない。貴重な化石を輪切りにする代償として得られる情報は、かなり有用といえる。まるで見てきたように、その古生物の生涯にせまることができるのだから。

もっとも、化石を破壊するということにはちがいない。通例は、その種の化石がすでに多く発見されている場合にこの手法は採用されることが多い。そのほか、輪切りにする前に精巧なレプリカをつくる場合もある。

第10章　糞も化石になる

「探偵にとってはあらゆる知識が有用になるんだよ」（『恐怖の谷』：創元推理文庫）より

糞でも〝数打ちゃ当たる〟

再確認をしておこう。

化石は、硬いものの方が残りやすい。

骨や殻といった硬いものが化石としてはよく残る。

一方で、軟らかいものは化石に残りにくい。筋肉や内臓などは、早期に分解されてしまい、なかなか化石となりにくい。

この視点に立てば、「糞」は、「軟らかいもの」の最もたる例といえる。骨や殻はもちろん、筋肉や内臓ほどの硬さをもった糞など存在しない（糞の中に、こうした組織が含まれることはあったとしても）。

ただし、化石の生成は〝確率の話〟だ。硬組織が残りやすく、軟組織が残りにくいという「傾向」だ。傾向はあくまでも「傾向」である。残る、残らないという「絶対的なもの」ではない。つまり、さまざまな条件と幸運さえそろえば、軟組織でも残る。事実、筋肉や内臓が残った化石も少なからず存在する。

化石の生成は〝確率の話〟なので、排泄物が化石になる可能性もゼロではない。液体である尿は絶望的としても、固体である糞は化石として残る。それに、いくら糞が「軟らかい」とはいっても、それ自体は「体が吸収できなかったもの」である。その視点を考えれば、〝一般的な軟組織〟よりは、化石に残りやすいかもしれない。……あくまでも〝一般的な軟組織〟と比べてみて、だけれども。

いずれにしろ、動物1個体が、生涯に排泄する糞の量は膨大だ。現生種でさえ、正確に調査することは難しいだろう。

どんなに確率が低かったとしても、母数が大きければ化石となる絶対数は増える。たとえば、仮に（仮に！）ある動物が生涯に排泄する糞の数が10万個であるとしよう。そして、仮に（仮に！）糞が化石として残る確率が1万分の1だったとする。すると、なんと10個もの糞が化石として残るのだ。動物本体が1個体しかないのに、その糞の化石は10個もある。まさに確率のマジック！

こうして残った糞化石は、「コプロライト（Coprolite）」と呼ばれる。

コプロライトは、古生物の生態を推測するうえで、直接的な手がかりとなるものの一つだ。排泄物の化石である以上、「何を食べていたのか」を物語る有力な証拠といえる。脊椎動物から無脊椎動物まで、地層中にはさまざまなコプロライトが残されており、その分析から食性、生息場所、習性などを推理することができる。

一方で、その性質上、コプロライトには切っても切り離せない難問もある。そのコプロライトの〝主〟……糞を残した動物を特定しづらいのだ。

なにしろ、古生物の本体とコプロライトがともに発見された例などほとんどないし、仮に発見されたとしても、その古生物が排泄した糞なのかどうかは、誰にもわからない。

その様子を観察したわけではないからだ。ひょっとしたら、その古生物の遺骸のそばにある糞は、別の動物が残した可能性だってある。

そのため、多くのコプロライトは、〝主不明のもの〟となっている。

もっとも、まったく手がかりがないわけではない。それこそ、コプロライトを分析することで、たとえば、その中に骨や殻が確認できれば、主は肉食動物であるとわかるし、植物片が入っていれば、主は植物食であるとわかる。しかし、その主の種類まで特定するのは至難の業だ。

実に悩ましい手がかり。それがコプロライトなのである。

巨大な糞化石と多数の糞化石

コプロライトの宿命ともいえる謎。それが、〝主〟の特定だ。しかし、かなり珍しい例として、その特定に迫ることができた例がある。1998年にアメリカ・地質調査所のカレン・チンたちが報告したティラノサウルス（*Tyrannosaurus*）のものとされるコ

プロライトがそれだ。

「宿命の謎」とも言える〝主〟の特定は、どのようにして、なされたのだろうか?

その推理の展開は次のようなものだ。

まずは、大きさが注目された。そのコプロライトは、長さ44センチメートル、幅16センチメートル、高さ13センチメートル、容積は2・4リットルにおよぶ大きなもの。しかも、これらの数字は化石となった状態の値なので、乾燥して縮小しているものとみられる。

つまり、排泄された当初は、もっと大きかっただろう。

これほどの大きさの糞を排出するということは、主も大きかった可能性が高い。

さらにそのコプロライトの中には、細かな骨片がかなりの割合で含まれていた。明らかに骨ごと食べられ、消化されなかったものが含まれている……ということは、この糞を排出した動物は、肉食性ということになる。しかも、骨ごと獲物をバリボリと食べるような捕食者だ。

大型で肉食性。

次に、このコプロライトが含まれていた地層そのものが注目された。この地層から化石を産する動物で、「大型で肉食性」という条件を満たすものはいないだろうか。

それが、ティラノサウルスだけだったのだ。ちなみに、コプロライトに含まれていた骨片は、角竜類という植物食恐竜のもので、その角竜類の体重は250~750キログラムだった、というところまで推理されている。

もう一つ、コプロライトに関わる話題を紹介しておこう。2013年にアルゼンチンの国立科学技術研究会議のルーカス・E・フィオレッリたちは、中生代三畳紀後期の地層から大量のコプロライトを報告した。

それは、1・5キロメートルほどの間隔をあけて点在する合計8カ所の〝密集地〟で、とくに多い場所には1平方メートルあたりに94個ものコプロライトがあった。平均でも、1平方メートルあたり66・6個。フィオレッリたちの試算では、3万個を超えるコプロライトが地層中に眠っている、とされる。
　それぞれのコプロライトは色や形が異なっていた。色は灰色から暗灰色。大きさは直径0・5センチメートルから35センチメートル。コプロライトの内部からは、多数の植物片

が確認されている。

とくにサイズの多様性から、このコプロライトは主の体サイズも多様だったと推理できる。植物片があるということは、植物食の動物だろう。フィオレッリは、同じ地層から化石がたくさんみつかっているディキノドン類という動物が主だろうと指摘している。

体サイズが多様な動物が同じ場所で排泄する。これは、一部の社会性のある哺乳類にみられる行動だとフィオレッリたちは指摘している。つまり、三畳紀後期のディキノドン類というグループには、社会性があったと推理することもできるのだ。

コプロライトから転じて、その種の社会性まで話が広がっていくのである。

第11章　数があれば、見えてくるものもある

「材料がどんどん増えていくぞ」（踊る人形／『シャーロック・ホームズの生還』：創元推理文庫）より）

そのちがいは、性別か？

暗号解読の最も基本的な手法は、パターンの解析だ。

たとえばホームズは、さまざまなポーズの人形が並ぶ暗号を見て、最も多いポーズの人形が、アルファベットの「e」に相当すると読み解いている。「e」は、英語で文章を書く際には最も出現率が多い文字であり、とくに短い文章ではいちばん数多くみつかる文字と見込めるからだ。

同様の手法は、古代文字の解読にも用いられる。ヒエログリフの解読やロゼッタストーンの解読にも、この〝パターン解析〟は用いられている。

パターンの解析には、パターンを読み取るための情報が必要だ。すなわち、「量」である。ある程度の数量のある素材の中から、共通する情報を読み取り、その意味を見出していく。

一定数の個体数が発見されている種については、そのパターンの解析からさまざまな推理がなされている。

そうした推理の一つが、「性別」である。

もとより、古生物において性別の認定は難しい。生殖器が化石に残っていることは稀であるし、仮に体格や、あるいはからだの特徴に雌雄差があったとしても、それが「同じ種における雌雄差」なのか、「別種の似た特徴なのか」を判断することができない。これが現生種であれば、観察して、交尾や出産を目撃すれば確実なのだが、それができないことが、古生物学の限界といえる。

そこでパターン解析である。

たとえば、南アフリカに分布する約2億5700万年前の地層からは、多数の動植物の化石が産出する。このうち、産出した動物化石の全個体数の約6割を占める種類が、「ディイクトドン（*Diictodon*）」という単弓類（哺乳類とその祖先、近縁種を含むグループ）である。頭胴長45センチメートルほど。現代日本でみかける小型犬のような動物だ。

ディイクトドンは、短い牙がある個体と、牙のない個体がいることが知られていた。アメリカ、ハーバード大学のコーウィン・スリヴィアンたちは、2002年にディイクトドンの化石を調べ、牙のある個体の数と牙のない個体の数がほぼ等しいことを明らかにした。

この「個体数が等しい」という解析結果から、スリヴィアンたちはディイクトドンにおいて牙の有無は、雌雄差を表している可能性が高いと指摘している。「わずかなちがい」をもつものが「同数である」ということは、それが雌雄のちがいを表している可能性が高いからだ。多数の化石が発見されているディイクトドンだからこそ、行うことができる推理だ。

なお、古生物の中には、ごく稀に生殖器そのものが化石として残る例外的な存在もある。また、すべての種で雌雄差が顕著であるというわけではないことも添えておきたい。興味を持たれた方は、まずは「介形虫」というグループについて調べられると良いだろう。

そのちがいは、性別ではない？

ただし、「個体数が等しい」ということが、必ずしも雌雄差を表すわけではない。そんな場合もある。ここでその例を紹介しておこう。

「ユーボストリコセラス・エロンガータム（*Eubostrychoceras elongatum*）」というアンモナイトがいる。まるでバネのように殻が立体的な螺旋を描くアンモナイトだ。その高さは10センチメートル前後。第1章で紹介したニッポニテスと同じく、「異常巻きアンモナイト」と呼ばれるものの一つである。

ユーボストリコセラス・エロンガータムには、そのバネのような巻き方が、「左巻き」になっている個体と、「右巻き」になっている個体があることが知られている。そして、巻き方の方向が異なるだけで、両者のそのほかの特徴は極めて似ている。

１９７０年代の研究で、カナダのバンクーバー島とアメリカのオーカス島から産出するユーボストリコセラス・エロンガータムの「左巻き」と「右巻き」の割合が、ほぼ同数だったことが指摘された。

「わずかなちがい」が「同数」であるわけだ。

多数のユーボストリコセラス・エロンガータムが産する中で、「左巻き」と「右巻き」の「個体数が等しい」。このことから、この巻きのちがいは雌雄差を表すのではないか、と言われてきた。

しかし2010年になって発表された、北九州市立自然史・歴史博物館の御崎明洋と九州大学の前田晴良の研究がこの仮説を否定している。御崎と前田の研究で、古い地層からみつかるユーボストリコセラス・エロンガータムの化石ほど左巻きが多く、新しい地層からみつかるユーボストリコセラス・エロンガータムの化石ほど右巻きが多くなることが示されたのだ。

つまり、カナダとアメリカで「同数」が確認されたのは、〝たまたま、同数となる時期だった〟ということになる。

もしも左巻きと右巻きが雌雄差であるのなら、時代にともなって性別に〝偏り〟が出ていたことになる。この場合、雌雄のどちらかがあぶれてしまう。

もちろん、これは不自然だ。性別の偏りが発生したら最後、その種は絶滅の道を進むしかない。しかし実際には、ユーボストリコセラス・エロンガータムは一定期間にわたって子孫を残し続けている。したがって、「左巻き」「右巻き」という巻き方の差は雌雄差ではない、ということになる。

この分析結果から御崎と前田は、ユーボストリコセラス・エロンガータムの巻き方の差は、雌雄差よりも〝何らかの遺伝的な変化〟によるものではないか、としている。

この御崎と前田の研究も、多くの個体数の解析にもとづくものだ。ホームズが喜ぶように〝材料〟が増えていけば増えていくほど、より古生物の〝素顔〟に迫る推理をすることができるのである。

第12章 数があれば、〝真の姿〟も見えてくる

「この研究の真のむずかしさはこれからだ。（中略）。そういうわけで、あたらしい材料が出てくるのを待ったのだ」（踊る人形／『シャーロック・ホームズの生還』：創元推理文庫）より）

〝一反木綿〟ではなく〝ナメクジ〟だった

化石は貴重なものだ。そして、必ずしも「完全体」で発見されるわけではない。そのため、ときにたった1個体の、しかも不完全な化石から、生態復元が試みられることがある。

1976年に報告された「オドントグリフス（*Odontogriphus*）」という古生代カンブリア紀の生物がいる。当初、復元されたその姿は、妖怪の一反木綿を彷彿とさせるよ

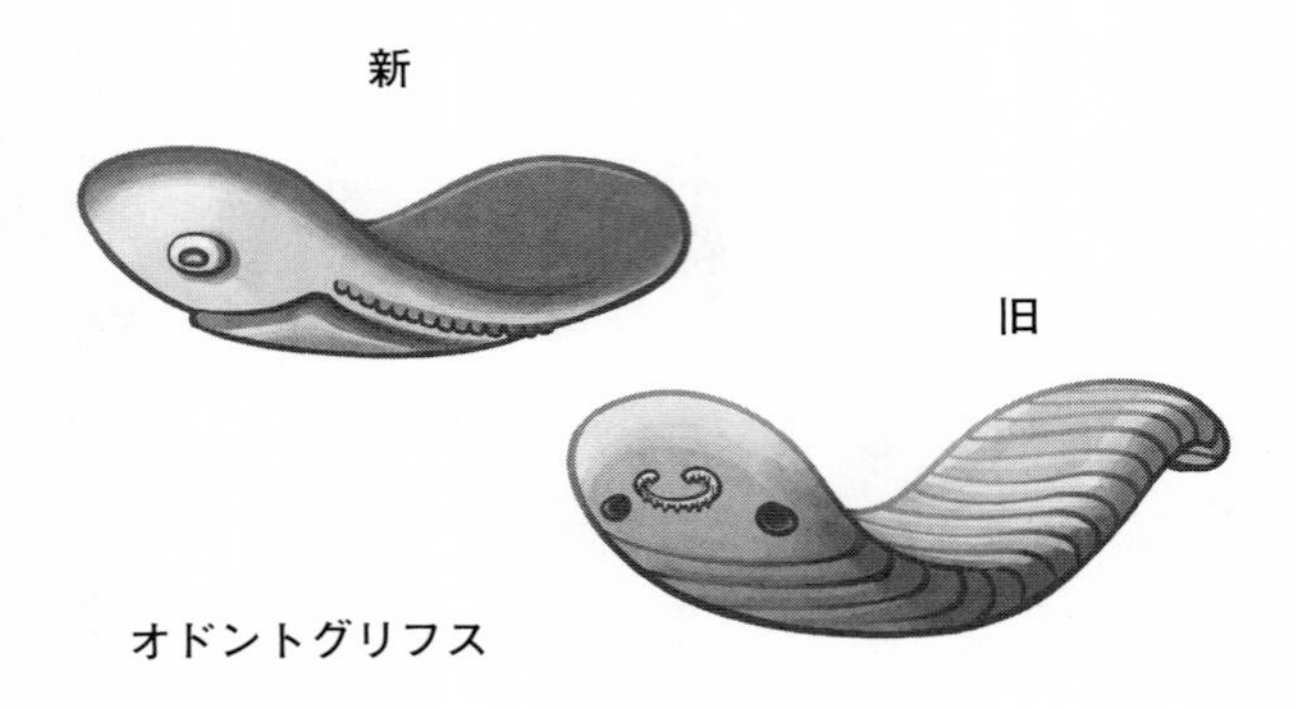

うな姿をしていた。そして、まさに一反木綿のように、海中をひらひらと泳ぐように復元された。

もちろん、実際に「一反（長さ約11メートル、幅約30センチメートル）」ほどの大きさがあるわけではない。オドントグリフスの長さは、12・5センチメートルほどで、幅はその3分の1くらいだ。頭部と胴部に分かれており、胴部には「環状構造」があるとされ、頭部底面には数字の「8」を横にしたように「歯」が配置され、その脇に「ひげ」があるとされた。

実に珍妙な姿であり、1976年の時点では所属する分類も定まっていなかった。

このときに復元に用いられた化石が、「不完全なたった1個体」だった。

そのため、発見された化石の数が増えることで、こうした復元が変更されることは少なくない。

オドントグリフスの場合、新たな化石にもとづく新たな研究が２００６年に発表され、復元される姿がナメクジのような姿の底生生物に修正された。

頭部底面にあるとされた「８の字の歯」は、実は「８の字」ではなく「２列」だったことが明らかになり、これが「歯舌」と呼ばれる構造ということが指摘された。歯舌は、軟体動物特有の器官だ。

また、胴部の「環状構造」は、「腹足」にともなう「しわ」であることもわかった。「腹足」もまた、軟体動物の特徴である。

こうしたさまざまな特徴から、オドントグリフスはナメクジのような姿で海底を這う軟体動物であるということが明らかになったのだ。

この２００６年の研究で使われた「新たな化石」は、実に１８９個体分。数が増えたことで、不完全な化石も互いの欠損部を補うことができるようになった。そして、「ほ

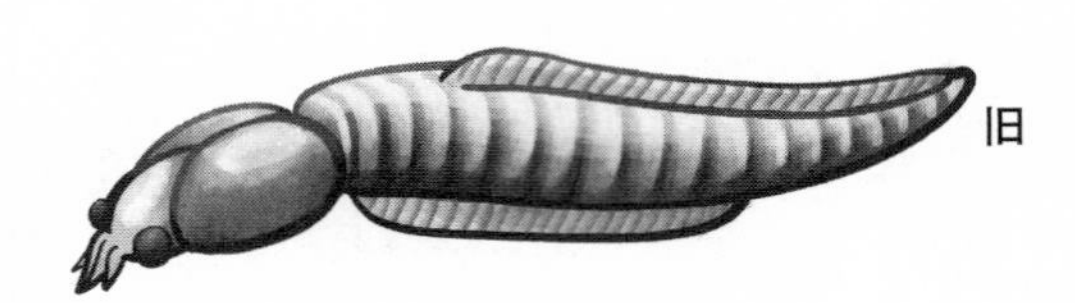

ぼ完全体」とみられる化石もみつかった。
数が増えたことで、〝真の姿〟が見えてきたわけだ。

〝謎のエビ〟ではなく〝イカ似の軟体動物〟だった

もう一つ、化石の数が増えたことで復元図や分類が大きく変わった動物を紹介しておこう。

１９７６年に報告された「ネクトカリス（*Nectocaris*）」である。奇しくも、最初の報告はオドントグリフスと同じ年だ。

ネクトカリスの最初の報告も、たった一つの化石にもとづいていた。このとき報告されたネクトカリスは、全長約2センチメートル。「エビ」を意味する「カリス」の名が示すように、その姿はどことなく「脚のないエビ」を彷彿とさせる。

細長い体。

甲皮で包まれた頭部。

大きな二つの眼。

これだけみれば、エビと同じ節足動物と判断してもよさそうだ。

しかし、頭部先端から伸びる2本の触手（付属肢）には節構造がない。節足動物の特徴の一つである「節のある脚」が確認できないのだ。また、からだの後部にはひれのような構造があり、それを支えているように見える線状構造もある。こうした特徴は節足動物のものとは考えられなかった。強いて言えば、ナメクジウオのような脊索動物のものに似ていた。そこで、「節足動物と脊索動物のキメラのような動物」とされた。

その後、ネクトカリスの化石が新たに採集され、再分析が行われた。この際分析に用いられた個体数は91個体。数自体は、オドントグリフスには及ばないものの、この91個体の中にはほぼ完全体とみられるものもあった。

再分析の結果は、２０１０年に発表された。明らかになった姿は、現生の「イカ」にそっくりだ。ただし、触手は2本だけである。

２０１０年の論文にもとづくと全長は最大７・２センチメートル。イカのように円錐形のからだをもち、イカのようにひれと漏斗をもっていた。

なにしろ、この姿である。分類は、イカと同じ軟体動物の頭足類に位置付けられた。個体数（手がかり）の増加が、〝真の姿〟と分類を明らかにした。ネクトカリスもまた、その例の一つである。

ネクトカリスに関しては、頭足類の進化史にも変更をせまる結果となっている。そもそも頭足類とは、イカ類やタコ類、オウムガイ類、そしてアンモナイト類などを含むグループである。こうした頭足類は、イカ類やタコ類のように外殻をもたないものと、オウムガイ類とアンモナイト類のように外殻をもつものがいる。ネクトカリスは知られている限り、最も古い頭足類でもある。

２０１０年の論文が発表されるまで、〝外殻をもつ頭足類〟が、〝外殻をもたない頭足類〟よりも先に出現したと考えられていた。しかし、ネクトカリスには外殻はない。そのため、〝外殻をもたない頭足類〟が〝外殻をもつ頭足類〟に先じて出現していた可能性が高くなったのだ。

ある1種の個体数の増加が、所属する分類群全体の進化の歴史も書き換えることになったのである。

〝裂け頭〟ではなく、〝金槌頭〟だった

数十、数百の新標本ではなく、わずか数個の新標本だけでも、新たな発見が古生物の復元を大きく変えることがある。

たとえば、中生代三畳紀の海棲爬虫類「アトポデンタトゥス（*Atopodentatus*）」だ。全長約2・8メートルほどのこの動物は、2014年に報告された。

このとき、復元されたその姿は、独特の顔つきをしていた。上顎の先端が急角度で下に曲がり、まるで裂けたかのように左右に割れていたのだ。そして、その割れ目には、細かい歯がびっしりと並んでいた。

この珍妙な顔は、水底の獲物を漉しとる際に役立ったと推理された。微生物や小さな無脊椎動物を海底の泥ごとすくい取り、この裂け目から水だけを口の外に出していたというわけである。

２０１４年に報告されたこの化石は、とくに保存が悪かったわけではない。頭の先から尾の先まで。そして四肢もその大部分が保存されていた。ただし、ちょっとだけ、頭部が壊れていた。

その後、新たな化石が2個体発見され、２０１６年にその研究結果が報告された。この研究では、２０１４年の化石で、「ちょっとだけ壊れていた頭部」の「ちょっとだけ」の部分が、実はかなり重要であったことが明らかになった。

なにしろ新化石を見ると、上顎は割れておらず、その先端はまるで金槌の頭のように左右に伸びていたのだ。２０１４年の化石では、この左右に伸びる部分が壊れていて、さも上顎の先端であるかのような位置に見えていたのである。

２０１６年の復元では、生態に対する解釈も変更された。この左右に広がった口は、海底の藻類をこそぎとるために使っていたのではないか、という。

アトポデンタトゥスの例は、たった数個体でも、〝追加の化石〟の発見が重要であることを物語っている。推理を展開するためには、少しでも多くの化石が必要なのだ。

化石の数は、推理を展開するための手がかりの数でもある。

また、「手がかり」という点に着目すれば、本書で触れたすべての情報がさまざまな場面で役に立つ。あなたがみつけた標本が仮に新種ではなかったとしても、古生物の〝素顔〟に近づく手がかりとして大きな価値がある。

〝化石の探偵術〟は、まず多くの化石から多くの手がかりを集めることが大切なのだ。

アトポデンタトゥスの旧復元（床）と新復元（壁）

監修者より本書によせて

古生物学——そして未来へ

我々古生物学者は地球生命史の編纂人です。地質を調査し、地層に含まれる化石から、一つでも多くの古生物の生き様や古生物同士のつながりを復元する。それが古生物学者の仕事です。

そして、古生物に「時間」の流れを注ぎ込み、40億年にわたる生命史を解き明かしていくのです。このことが、古生物学者の最大の特徴かもしれません。時間を扱う生物学者、それが古生物学者です。

しかし、億年スケールの時間の概念を身につけるのは相当な訓練が必要です。我々人類が生きている時間は、地球史の中では一瞬。

本書の導入部に「現在は過去を解く鍵である」という斉一説の紹介があります。歴史科学のひとつでもある古生物学の根底にある大切な原理です。現在起きていることは過去にも起きうると説くこの原理の本質は、物理化学的に同じ条件であれば時代や場所を選ばず同じことが起きるということにあります。この原則が崩れると古生物の復元はできません。

ところが厄介なことに、生命は進化し続け、地球も変わり続けています。時代によって物理化学条件が絶えず変化しているのです。つまり、現在の地球上ではありえない条件が過去の地球には存在していたかもしれず、いま起きていることを安直にそのまま過去に適用することはできないのです。

だから、古生物学者は生命の痕跡たる化石を探すと同時に、その化石を産する地層も調査して当時の環境を把握したうえで古生物の復元を行います。古生物学が、生物を扱う学問であるにもかかわらず、大学教育においては地球科学分野の学部・学科に含まれる理由でもあります。

ところで、古生物学者として辟易することがあります。一般の方のみならず、古生物学者の中にも、古生物学は社会の役に立たない学問だと話す人がいることです。

古生物学は社会の役に立たないのでしょうか？

社会の〝役に立つ〟とはいったいどういうことなのでしょうか？　この場合の〝役に立つ〟とは経済的な面、もっと露骨に言えば金になる学問か、という意味でしょう。たしかに、古生物学が直接的な金銭をもたらすことは一般的ではありません。

それでも私は、古生物学は社会の役に立っていると信じています。我々ヒトという種の最大の特徴は好奇心を持ち、それを仲間（社会）で共有できることではないでしょうか？　古生物学は数多ある学問の中でも、子供から大人まで夢中になれる学問です。古生物学は事実をベースにしたノンフィクションのエンターテイメントなのです。

そのエンターテイメントの根底にある標本を見に各地の博物館を訪れる、古生物に関する書籍を購入する、古生物を取り入れたアニメや映画を見るなどして、古生物学を多くの人が楽しんでいます。それだけで古生物学は社会の役に立っていると思います。

それだけではありません。古生物学はとてつもなく長い地球生命史の時間スケールにおける人類の立ち位置を教えてくれるのではないでしょうか？

いま、生物多様性や地球環境問題が話題にのぼらない日はないでしょう。〝持続可能社会〟の実現が声だかに叫ばれている中で、経済的な持続可能性だけでなく、過去から現在に至る時間の流れの中で変化する環境と生態系に調和する持続可能社会を模索しなくてはならないのではないでしょうか？

「現在は過去を解く鍵である」と同時に、
「過去は未来を解く鍵」です。

古生物学者は過去だけを見て研究しているわけではありません。その本質は時間の流れの中での生命現象を捉えることにあります。古生物学的視点は、現在の人類の地球における立ち位置や振る舞いを考えるうえでも、人類の未来を考えるうえでも大事なことなのだと思います。生命と地球は、時間を通して過去から現在、そして未来につながっているのですから。

ちょっと話を大きくしすぎたかもしれませんね。いろいろな反論が聞こえてきそうです。そもそも古生物は検証が不可能だから科学ではない、なんて声もあります。科学では検証可能性が大事です。ある事実から仮説が立てられ、公表されます。それをさまざまな角度から検証し、崩れなかった仮説がより真実に近いとみなされます。それが科学の世界です。

古生物の復元を検証することは、タイムマシンでも無い限り難しいかもしれません。本書の後半でも一つの標本からなされた古生物の復元が、別の標本の研究によって数年後にくつがえった例の紹介がありました。それを読んだ皆さんはどう思いましたか。「古生物学ってロマンはあるけど、すぐに仮説がくつがえるあやふやな学問だよね」と思った方もいるかもしれません。

それは違います。

古生物学は過去を対象にした学問ですが、絶えず検証が実現できている学問だからこそ、ある時点の復元結果がくつがえるのです。

その化石自体を別の視点や分析法で再検討したり、同時代の別の場所の地層から産出化石を追加で得て解析したりすることで、古生物の復元が検証可能になっているのです。そう、我々は「標本そのもの」に古生物学が科学の一員であるための検証可能性を託しているのです。

そして、化石標本を検証可能とするために、我々古生物学者は研究に使用した標本のほとんどを博物館に収めます。博物館に収蔵された標本は未来の研究者にオープンな状態になります。博物館は単なる見世物小屋ではなく、古生物学が科学であり続け、そして未来の人類に資するための大切な〝宝箱〟なのです。

さて、本書を読んだあなたは古生物学の世界にワクワクしましたか。そんな方はもっと古生物学の深みにはまってください。

もし大学入学前の方であれば、ぜひ古生物学を学べる大学に入学し、古生物学を堪能してください。別に研究者を目指さなくても良いのです。古生物学のセンスを身につけ(つまり、時間の流れの中で生命と環境を捉えるセンスです)、一般企業や行政に入るのもおすすめです。これからの時代、いかなる職業でも古生物学的センスが大事になります。

さあ一緒に、古生物学を堪能しましょう。古生物学は、老若男女問わずあらゆる人にひらかれた学問なのですから。

ロバート・ジェンキンズ

【もっと詳しく知りたい読者のための参考資料】

本書を執筆するにあたり、とくに参考にした主要な文献は次の通り。

※本書に登場する年代値は、とくに断りのないかぎり、International Commission on Stratigraphy、2020/01、INTERNATIONAL CHRONOSTRATIGRAPHIC CHARTを使用している。

※本書において、各章冒頭で引用した台詞は、創元推理文庫より刊行された「シャーロック・ホームズ」（著：コナン・ドイル、翻訳：阿部知二）のものである。歴史に輝く名作に、改めて敬意と謝意をここに表しておきたい。

第零部

【一般書】

・『新しい高校地学の教科書』著：杵島正洋、松本直記、左巻健男、２００６年刊行、講談社

・『アノマロカリス解体新書』監修：田中源吾、著：土屋 健、絵：かわさきしゅんいち、２０２０年刊行、ブックマン社

・『海洋生命５億年史』監修：田中源吾、冨田武照、小西卓哉、田中嘉寛、著：土屋 健、２０１８年刊行、文藝春秋

・『古生物学事典 第2版』編集：日本古生物学会、２０１０年刊行、朝倉書店

・『古第三紀・新第三紀・第四紀の生物上巻』監修：群馬県立自然史博物館、著：土屋 健、２０１６年刊行、

技術評論社
・『古第三紀・新第三紀・第四紀の生物下巻』監修：群馬県立自然史博物館、著：土屋 健、２０１６年刊行、技術評論社
・『三畳紀の生物』監修：群馬県立自然史博物館、著：土屋 健、２０１５年刊行、技術評論社
・『ジュラ紀の生物』監修：群馬県立自然史博物館、著：土屋 健、２０１５年刊行、技術評論社
・『白亜紀の生物上巻』監修：群馬県立自然史博物館、著：土屋 健、２０１５年刊行、技術評論社
・『白亜紀の生物下巻』監修：群馬県立自然史博物館、著：土屋 健、２０１５年刊行、技術評論社
・『はじめての地学・天文学史』編著：矢島道子、和田純夫、２００４年刊行、ベレ出版
・『本当にわかる地球科学』監修：鎌田浩毅、著：西本昌司、２０１６年刊行、日本実業出版社

【学術論文等】
・Steven M. Stanley, 2016, Estimates of the magnitudes of major marine mass extinctions in earth history, PNAS, www.pnas.org/cgi/doi/10.1073/pnas.1613094113

第壱部

【一般書】
・『新しい高校地学の教科書』著：杵島正洋、松本直記、左巻健男、２００６年刊行、講談社

・『しんかのお話365日』協力：日本古生物学会、著：土屋 健、2017年刊行、技術評論社
・『地層のきほん』著：目代邦康、笹岡美穂、2018年刊行、誠文堂新光社
・『本当にわかる地球科学』監修：鎌田浩毅、著：西本昌司、2016年刊行、日本実業出版社

【WEBサイト】

・地球なんでもQ&A、日本地質学会、
http://www.geosociety.jp/faq/content0002.html

【学術論文等】

・吉川敏之、2007、ハンマー、地質ニュース633号、頁70

第弐部

【一般書】

・『化石になりたい』監修：前田晴良、著：土屋 健、2018年刊行、技術評論社
・『化石の研究法』編集：化石研究会、2000年刊行、共立出版
・『古生物学事典 第2版』編集：日本古生物学会、2010年刊行、朝倉書店

【学術論文等】

・Hidekazu Yoshida, Atsushi Ujihara, Masayo Minami, Yoshihiro Asahara, Nagayoshi Katsuta, Koshi Yamamoto,

Sin-iti Sirono, Ippei Maruyama, Shoji Nishimoto, Richard Metcalfe, 2015, Early post-mortem formation of carbonate concretions around tusk-shells over week-month timescales, Scientific Reports, DOI: 10.1038/srep14123

第参部

【一般書】

・『新しい高校地学の教科書』著：杵島正洋、松本直記、左巻健男、２００６年刊行、講談社
・『化石になりたい』監修：前田晴良、著：土屋 健、２０１８年刊行、技術評論社
・『古生物学』著：速水 格、２００９年刊行、東京大学出版会
・『古第三紀・新第三紀・第四紀の生物下巻』監修：群馬県立自然史博物館、著：土屋 健、２０１６年刊行、技術評論社
・『ザ・パーフェクト』監修：小林快次、櫻井和彦、西村智弘、著：土屋 健、２０１６年刊行、誠文堂新光社
・『ジュラ紀の生物』監修：群馬県立自然史博物館、著：土屋 健、２０１５年刊行、技術評論社
・『Ｎｅｗｔｏｎ別冊 地球史46億年の大事件ファイル』２００９年刊行、ニュートンプレス
・『地球のお話３６５日』協力：日本地質学会、編著：土屋 健、著：ジオルジュ編集部、２０１８年刊行、技術評論社

・『地質図の書き方と読み方』著：藤田和夫、池辺 穣、杉村 新、小島丈児、宮田隆夫、１９８４年刊行、古今書院
・『地層のきほん』著：目代邦康、笹岡美穂、２０１８年刊行、誠文堂新光社

【ＷＥＢサイト】
・いのせらたん、穂別博物館、http://www.town.mukawa.lg.jp/2881.htm
・水月湖の年縞、福井県里山里海湖研究所、http://satoyama.pref.fukui.lg.jp/feature/varve
・日本の竜の神　カムイサウルス・ジャポニクス、穂別博物館、http://www.town.mukawa.lg.jp/3076.htm

第肆部

【一般書】
・『アノマロカリス解体新書』監修：田中源吾、著：土屋 健、絵：かわさきしゅんいち、２０２０年刊行、ブックマン社
・『エディアカラ紀・カンブリア紀の生物』監修：群馬県立自然史博物館、著：土屋 健、２０１３年刊行、技術評論社

・『大人のための「恐竜学」』監修：小林快次、著：土屋 健、祥伝社新書
・『海洋生命5億年史』監修：田中源吾、冨田武照、小西卓哉、田中嘉寛、2018年刊行、文藝春秋
・『化石になりたい』監修：前田晴良、著：土屋 健、2018年刊行、技術評論社
・『化石の研究法』編集：化石研究会、2000年刊行、共立出版
・『カンブリア紀の怪物たち』著：サイモン・コンウェイ・モリス、1997年刊行、講談社現代新書
・『古生物学入門 普及版』著：間嶋隆一、池谷仙之、2012年刊行、朝倉書店
・『古第三紀・新第三紀・第四紀の生物上巻』監修：群馬県立自然史博物館、著：土屋 健、2016年刊行、技術評論社
・『古第三紀・新第三紀・第四紀の生物下巻』監修：群馬県立自然史博物館、著：土屋 健、2016年刊行、技術評論社
・『ザ・パーフェクト』監修：小林快次、櫻井和彦、西村智弘、著：土屋 健、2016年刊行、誠文堂新光社
・『ジュラ紀の生物』監修：群馬県立自然史博物館、著：土屋 健、2015年刊行、技術評論社
・『生痕化石からわかる古生物のリアルな生きざま』著：泉 賢太郎、2017年刊行、ベレ出版
・『そして恐竜は鳥になった』監修：小林快次、著：土屋 健、2013年刊行、誠文堂新光社
・『ティラノサウルスはすごい』監修：小林快次、著：土屋 健、2015年刊行、文藝春秋
・『白亜紀の生物下巻』監修：群馬県立自然史博物館、著：土屋 健、2015年刊行、技術評論社

・『理科好きな子に育つふしぎのお話３６５』監修：自然史学会連合、編集：『子供の科学』特別編集、２０１５年刊行、誠文堂新光社
・『ＧＡＫＫＥＮ　ＭＯＯＫ　恐竜学最前線４』１９９３年刊行、学研
・『Ｎｅｗｔｏｎムック ビジュアルブック骨』２０１０年刊行、ニュートンプレス
【ＷＥＢサイト】
・顎骨腫瘍（エナメル上皮腫）、日本医事新報社、https://www.jmedj.co.jp/premium/treatment/2017/d190115/
・希少がんセンター、https://www.ncc.go.jp/jp/rcc/index.html
・「スマホのロックは「耳」で開ける　生体認証に真打ち?登場」、https://www.sankei.com/premium/news/160320/prm1603200003-n1.html
・ＭＳＤマニュアル、ＭＳＤ、https://www.msdmanuals.com/ja
【プレスリリース】
・むかわ竜を新属新種の恐竜として「カムイサウルス・ジャポニクス（*Kamuysaurus japonicus*）」と命名、２０19年9月６日、北海道大学、穂別博物館、筑波大学
【学術論文等】
・佐藤武宏、２００８年、穴開き貝殻の穴の不思議～穴の位置はなぜ同じ?～、自然科学のとびら、第14巻1号、

頁２〜３
・佐藤武宏、２００９年、穴開き貝殻の穴の不思議〜穴の位置はなぜ違う?〜、自然科学のとびら、第15巻1号、頁２〜３
・Akihiro Misaki,Haruyoshi Maeda,2010,Two Campanian (Late Cretaceous) nostoceratids ammonoid from the Toyajo Formation in Wakayama, Southwest Japan,Cephalopods - Present and Past,p223-231
・Gengo Tanaka, Brigitte Schoenemann, Khadija El Hariri, Teruo Ono, Euan Clarkson, Haruyoshi Maeda,2015,Vision in a Middle Ordovician trilobite eye,Palaeogeography, Palaeoclimatology, Palaeoecology,vol.433,p129–139
・Gregory M. Erickson, Peter J. Makovicky, Philip J. Currie, Mark A. Norell, Scott A. Yerby Christopher A. Brochu, 2004, Gigantism and comparative life-history parameters of tyrannosaurid dinosaurs, Nature, vol.430, p772-775
・Jean-Bernard Caron,Amélie Scheltema, Christoffer Schander,David Rudkin,2006,A soft-bodied mollusc with radula from the Middle Cambrian Burgess Shale, Nature, vol. 442,p159-163
・John R. Peterson,Diego C. Garcia-Bellido,Michael S. Y. Lee,Glenn A. Brock,James B. Jago, Gregory D. Edgecombe,2011,Acute vision in the giant Cambrian predator Anomalocaris and the origin of compound eyes,Nature,vol. 480,p237-240

・José L. Carballido,2017,A new giant titanosaur sheds light on body mass evolution among sauropod dinosaurs. Proc. R. Soc. B.,Vol.284

・Karen Chin, Timothy T. Tokaryk, Gregory M. Erickson, Lewis C. Calk, 1998, A king-sized theropod coprolite, Nature, vol.393, p680-682

・K. D. Angielczyk,L. Schmitz,2014,Nocturnality in synapsids predates the origin of mammals by over 100 million years. Proc. R. Soc. B 281: 20141642. http://dx.doi.org/10.1098/rspb.2014.1642

・Kenshu Shimada, Takanobu Tsuihiji, Tamaki Sato, Yoshikazu Hasegawa, 2010, A remarkable case of a shark-bitten elasmosaurid plesiosaur, Journal of Vertebrate Paleontology, vol.30, no. 2, p592-597

・Li Chun,Olivier Rieppel,Cheng Long,Nicholas C. Fraser,2016,The earliest herbivorous marine reptile and its remarkable jaw apparatus,Science Advances,vol.2,no.5,e1501659,DOI: 10.1126/sciadv.1501659

・Long Cheng et al. 2014,A new marine reptile from the Triassic of China, with a highly specialized feeding ada ptation,Naturwissenschaften, 24452285 DOI:10.1007/s0014-014-1148-4

・Lucas E. Fiorelli,Martín D. Ezcurra,E. Martín Hechenleitner,Eloisa Argañaraz,Jeremías R. A. Taborda,M. Jimena Trotteyn,M. Belén von Baczko,Julia B. Desojo,2013,The oldest known communal latrines provide evidence of gregarism in Triassic megaherbivores,Scientific reports,doi:10.1038/srep03348

・Martin R. Smith, Jean-Bernard Caron,2010,Primitive soft-bodied cephalopods from the Cambrian,Nature,vol.

465,p469-472

・Martina Stein, Shoji Hayashi, P. Martin Sander,2013,Long Bone Histology and Growth Patterns in Ankylosaurs: Implications for Life History and Evolution,PLoS ONE 8(7): e68590. doi:10.1371/journal.pone.0068590

・Mihai D. Dumbravă, Bruce M. Rothschild, David B. Weishampel, Zoltán Csiki-Sava, Răzvan A. Andrei, Katharine A. Acheson, Vlad A. Codrea, 2016, A dinosaurian facial deformity and the first occurrence of ameloblastoma in the fossil record, Scientific Report, 6:29271, DOI: 10.1038/srep29271

・Nizar Ibrahim,Paul C. Sereno,Cristiano Dal Sasso,Simone Maganuco,Matteo Fabbri,David M. Martill,Samir Zouhri,Nathan Myhrvold,Dawid A. Iurino,2014,Semiaquatic adaptations in a giant predatory dinosaur,Science,vol.345,p1613-1616

・Ragna Redelstorff,Shoji Hayashi,Bruce M. Rothschild,Anusuya Chinsamy,2014,Non-traumatic bone infection in stegosaurs from Como Bluff, Wyoming,Lethaia,DOI: 10.1111/let.12086

・R. Hoffmann, J. Bestwick, G. Berndt, R. Berndt, D. Fuchs, C. Klug, 2020, Pterosaurs ate soft-bodied cephalopods (Coleoidea), Scientific Report, 10:1230, https://doi.org/10.1038/s41598-020-57731-2

・Rui-Wen Zong, Ruo-Ying Fan, Yi-Ming Gong, 2016, Seven 365-Million-Year-Old Trilobites Moulting within a Nautiloid Conch, Scientific Reports | 6:34914 | DOI: 10.1038/srep34914

・Ross P. Anderson, Victoria E. McCoy, Maria E. McNamara, Derek E. G. Briggs,2014,What big eyes you have:

the ecological role of giant pterygotid eurypterids,Biol. Lett. 10:20140412. http://dx.doi.org/10.1098/rsbl.2014.0412

・Shoji Hayashi,Alexandra Houssaye,Yasuhisa Nakajima,Kentaro Chiba,Tatsuro Ando,Hiroshi Sawamura,Norihisa Inuzuka,Naotomo Kaneko,Tomohiro Osaki,2013,Bone Inner Structure Suggests Increasing Aquatic Adaptations in Desmostylia (Mammalia, Afrotheria),PLoS ONE,8(4): e59146. doi:10.1371/journal.pone.0059146

・Yara Haridy, Florian Witzmann, Patrick Asbach, Rainer R. Schoch, Nadia Fröbisch, Bruce M. Rothschild, 2019, Triassic Cancer-Osteosarcoma in a 240-Million-Year-Old Stem-Turtle, JAMA Oncology, doi:10.1001/jamaoncol.2018.6766

・Yoshitsugu Kobayashi, Tomohiro Nishimura, Ryuji Takasaki, Kentaro Chiba, Anthony R. Fiorillo, Kohei Tanaka, Tsogtbaatar Chinzorig, Tamaki Sato, Kazuhiko Sakurai, 2019, A New Hadrosaurine (Dinosauria:Hadrosauridae) from the Marine Deposits of the Late Cretaceous Hakobuchi Formation, Yezo Group, Japan, Scientific Reports, 9:12389, https://doi.org/10.1038/s41598-019-48607-1

・Victoria E. McCoy, James C. Lamsdell, Markus Poschmann, Ross P. Anderson, Derek E. G. Briggs,2015,All the better to see you with: eyes and claws reveal the evolution of divergent ecological roles in giant pterygotid eurypterids,Biol. Lett.,11: 20150564.,http://dx.doi.org/10.1098/rsbl.2015.0564

著者　**土屋 健**

サイエンスライター。オフィス ジオパレオント代表。埼玉県出身。金沢大学大学院自然科学研究科で修士（理学）を取得。その後、科学雑誌Newton』の編集記者、部長代理を経て独立し、現職。2019年、サイエンスライターとして初めて日本古生物学会貢献賞を受賞。近著に『恐竜・古生物No1図鑑』（文響社）、『学名で楽しむ恐竜・古生物』（イースト・プレス）、『リアルサイズ古生物図鑑 新生代編』（技術評論社）など。

監修　**ロバート・ジェンキンズ**

1976年香川県高松生まれ。金沢大学理工研究域地球社会基盤学系准教授。2006年に東京大学大学院理学系研究科地球惑星科学専攻博士課程を修了、博士（理学）。東京大学大気海洋研究所、横浜国立大学などで研究員を経て2012年に金沢大学に助教として赴任。2019年、准教授。深海極限環境に生息する生物の進化や生態を、化石と現生の両視点から研究。地球生物学者／古生物学者。

イラスト　**ツク之助**

いきものイラストレーター。爬虫類や古生物を中心に、生物全般のイラストを描く。ツクツクれぷたいるずのグッズシリーズを展開。イラストを担当した書籍に、『もっと知りたいイモリとヤモリ どこがちがうか、わかる？』（新樹社）、『マンボウのひみつ』（岩波ジュニア新書）、『ドラえもん はじめての国語辞典 第2版』（小学館）など。

化石の探偵術

著者　土屋 健

2020年10月25日　初版発行

発行者　横内正昭
編集人　内田克弥
発行所　株式会社ワニブックス
〒150-8482
東京都渋谷区恵比寿4-4-9えびす大黒ビル
電話　03-5449-2711（代表）
　　　03-5449-2734（編集部）

装丁　橘田浩志（アティック）／小口翔平＋三沢稜（tobufune）
監修　ロバート・ジェンキンズ
イラスト　ツク之助
校正　東京出版サービスセンター
編集　大井隆義（ワニブックス）

印刷所　凸版印刷株式会社
DTP　株式会社 三協美術
製本所　ナショナル製本

ISBN 978-4-8470-6647-4
ワニブックスHP　http://www.wani.co.jp/
WANI BOOKOUT　http://www.wanibookout.com/
WANI BOOKS NewsCrunch https://wanibooks-newscrunch.com/